2026 조경기능사 실기

무료강의 제공되는
유튜브 바로가기

파이팅혼공TV
조경기능사 컨텐츠

합계 조회수 550만회 돌파!
(2025년 7월 기준)

파이팅혼공TV 컨텐츠 개발팀 편저

▶ 파이팅혼공TV 유튜브 무료 강의 **초단기 합격의 지름길!**

조경설계 | 조경작업 | 수목감별

유튜브 강의와 함께 _일주일_ 이면 충분합니다!

PREFACE
조 경 기 능 사 실 기

들어가며

오늘날 고도화된 산업화와 도시화로 인한 환경문제가 날로 심각해지면서, 건강한 자연환경과 더불어 공존하는 인간의 조화로운 삶이 중요해졌습니다. 조경기능사 자격증은 이러한 주거와 환경 문제를 해결하는 동시에 인간의 생활공간을 아름답게 꾸미고 자연환경을 보호하는 전문 인력을 양성하고자 도입된 자격증입니다.

요즘은 자연과 조화시킨 친환경 건축을 선호하는 경향과 함께 리조트 골프장 및 아파트 등 대단위 공동주택 건축에서 조경 공사의 중요성이 더욱 부각되는 추세입니다. 또한 주 5일제의 보편화로 인한 자연 친화적 여가 활동의 증가와 주거 및 여가 환경에 있어 조경의 필요성도 더욱 강조되고 있습니다. 또한 매년 조경 전문가에 대한 수요도 꾸준히 증가하고 있어 중장기적으로도 전망이 밝은, 최근 가장 인기 있는 자격증 중 하나로 활용도와 전문성을 겸비한 국가 기술 자격증이라 할 수 있습니다.

최근에는 취업을 위한 자격증 취득이 아닌 귀농, 귀촌 및 전원생활에 활용하거나 혹은 토목, 건축 개발 공사를 셀프로 진행하기 위한 수요 등 자기개발이나 취미활동을 위해 취득하는 사례가 증가하고 있고, 퇴직을 앞둔 중장년층의 인생 2막을 위한 준비로 조경기능사 자격증을 취득하는 사례 역시 큰 폭으로 증가하고 있습니다. 본 교재는 회차 시험마다 꾸준히 수많은 합격자를 배출하고 있는 파이팅혼공TV의 검증된 유튜브 강의와 함께 조경기능사 필기 및 실기시험을 시간 낭비 없이 한방에 효율적으로 합격할 방법을 전해드리고자 출간하였습니다. 심지어 조경과 건축에 문외한인 분일지라도 교재에서 제시하는 학습법 대로만 학습하신다면 최소한의 학습량으로 수월하게 합격하실 수 있도록 구성하였습니다.

끝으로 본 교재가 나오기까지 애써주신 홍현애 과장님, 그리고 인성재단 대표님께 진심으로 감사를 전합니다.

파이팅혼공TV PD 혼공쌤

G U I D E
조 경 기 능 사 실 기

I. 파트별 학습전략

1. 조경설계 도면작성 파트
① 유튜브 시청
  파이팅혼공TV 조경기능사 실기 재생목록을 통해 기초강의 및 합격 공식 시리즈를 3회 이상 시청하는 것을 추천드립니다.
② 교재의 각 실전 기출 문제를 직접 실전과 같이 제한 시간 내에 처음부터 끝까지 중단없이 작성할 수 있도록 반복 학습합니다.
③ 교재의 기출 문제를 최소 10개 이상 스스로 도면을 작성해 보는 것을 추천해 드립니다. 도면작성은 눈으로만 보고 이해해서는 절대 제대로 해낼 수 없는 파트입니다. 시험 3일 전부터는 반드시 매일 하나 이상의 도면을 그려보는 실전과 같은 셀프 모의시험으로 대비하시기를 바랍니다.

2. 작업형 과제 파트
과제를 부여받았을 때 곧바로 머릿속에 작업순서가 반사적으로 떠오를 수 있도록 과제별 출제 빈도와 난이도에 따라 요구과제별로 작업 순서를 암기법으로 정확히 숙지해야 합니다. 실제 도구는 없지만 몸동작으로 시험순서를 기억하여 실전과 같이 연습해 보는 마임 기법(Mime : 상황극)과 이미지 트레이닝(image training)을 통해 반복 숙달한다면 실제 시험장에서 당황하지 않고 자신에게 주어진 과제를 완벽히 수행할 수 있을 것입니다.

3. 수목 감별 파트
수종별 4장의 수목 사진을 보고 정확한 수목명을 직접 기재하는 형식으로 시험이 진행되는 만큼 120종의 각 수목의 생김새에 대한 특징과 잎과 열매의 색상과 형태를 정확히 구분하여 암기하도록 하였습니다.
교재의 수목별 특징 포인트들과 유튜브 영상 <수목 감별 120 총정리>를 매칭하여 틈날 때마다 조금씩 시청하시면 충분히 10점 만점을 받을 수 있는 파트입니다.

II. 조경기능사 실기 수험자 동향분석

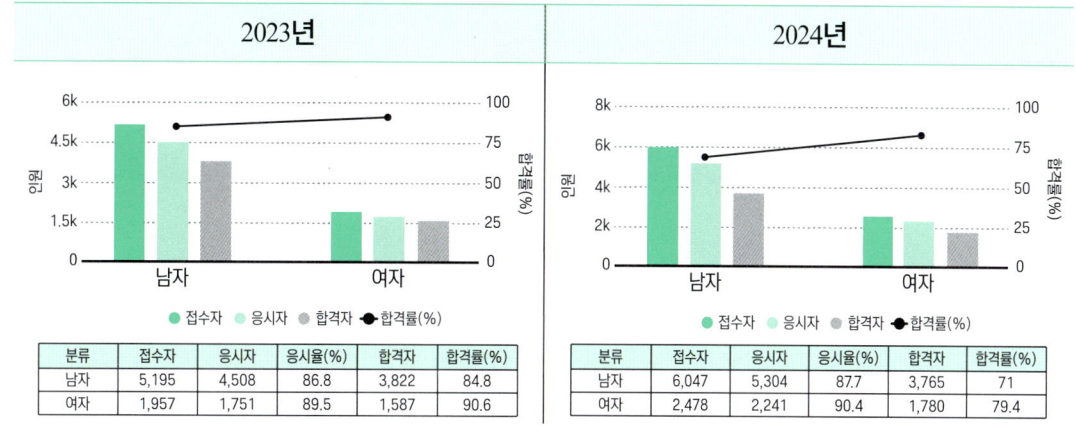

III. 시험 방식

총 100점 만점에 60점 이상 시 합격!

도면작성 50점 중 완성하여 제출만 해도! 기본 25점

수목 감별 10점 중 반타작만 하자! 5점

조경 시공작업 40점 중 30점

요령껏! 눈치껏! 그날만은 최선을 다해!

1. 조경 설계 [배점 50점]

제한 시간 2시간 30분 이내에 현황도와 설계조건에 맞춰 평면도와 단면도를 각각 작성하여 제출(하나라도 미완성 시 실격)

2. 조경 작업 [배점 40점]

교목 식재(식혈, 지주목 세우기, 수피 감기), 관목군식, 뿌림 돌림, 잔디뗏장식재, 잔디종자파종, 점토블럭포장, 판석포장, 수간주사 등 약 10여 종류 작업 중 2~3개 작업이 랜덤으로 주어진다. 순서와 요령 반복암기, 섀도잉 이미지 트레이닝 반복

3. 수목 감별 [배점 10점]

수목감별 목록의 120개 수종 중 20개의 수종의 사진을 보고 수목명을 답안지에 직접 적어서 제출, 한 수종당 4장의 사진을 한 장당 약 4초간 보여주며, 20종 모두 보여준 후 한 번 더 반복하여 보여준다. (문제당 0.5점으로 20문제가 출제된다)

I. 조경설계

도면작성 합격 공식	8
실전 기출 문제	43

II. 조경작업

조경작업	132

III. 수목감별

수목감별 한방에 정리	144

I
조경설계

PART 01 도면작성 합격 공식

배점 50

1. 조경설계 도면 작성

1) 무엇을 평가하나? 합격 포인트!

조경 설계도면 작성	
배점	50점(평면도 35점, 단면도 15점)
시간	2시간 30분
합격 포인트	가산점 획득보다는 **제한 시간 안에 누락 요소 없이 작성·제출하는 것**이 빠른 합격의 비결!

2) 문제형식

> 우리나라 중부지역에 위치한 도로변 소공원에 대한 조경설계를 하고자 한다. 아래의 현황도 및 주어진 사항을 참조하여 설계 조건에 따라 조경계획도를 작성하시오.

조경기능사 실기 시험 중 도면작성의 문제형식은 항상 그 유형이 동일하다. 위와 같은 과제를 주고 수험자는 평면도 1장과 단면도 1장을 제한 시간 내에 작성하여 제출하면 된다. 기능사 시험의 난이도를 고려했을 때 예상 문제를 벗어난 특이한 문제는 거의 출제되지 않는다. 평면도와 단면도 두 장의 도면을 반복 숙달을 통해 정확히 그려낼 수 있느냐가 합격의 관건이라 하겠다.

3) 준비물

다이소 1,000원 짜리 자로 제도판 세팅하는 법

(1) 제도판 : 제도판이 반드시 있어야 하는 것은 아니다. 하지만 시험장과 동일한 환경에 연습을 원한다면 인터넷 쇼핑몰 최저가 검색을 통해 구매하는 것을 추천한다. (합격 후에 중고로 팔면 된다)

(2) 제도용지 시험용 답안지의 크기는 A3 사이즈(297 × 420mm)이다. 일반 복사 용지를 구입하여 연습한다.

(3) 삼각자 : 반드시 mm 단위(2개 SET으로 준비하는 것이 좋다) 방안과 눈금이 그려져 있는 것으로 선택한다.

제도판

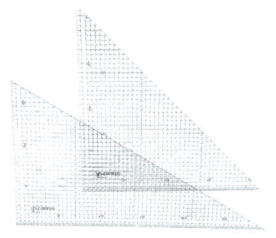

삼각자

(4) 템플릿 : 원형 템플릿과 여러 가지 모양이 있는 다각형 템플릿 2종류로 준비한다.

(5) 샤프 : 샤프는 최소 2가지 굵기 (0.5mm, 0.9mm) 혹은 0.3mm를 추가하여 3종을 구비한다. 앞부분에 스프링 장치가 되어있는 것이 심이 잘 부러지지 않는다.

(6) 샤프심 : 잘 부러지지 않는 단단한 것으로 준비한다.

그밖에 지우개, 지우개판, 종이테이프, 제도용 빗자루 등을 준비한다

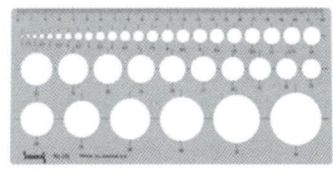

템플릿(원형 NO.101 원정규)
크기 : 232×110mm
Circle of 1.0~36mm
Circle 39EA Inking

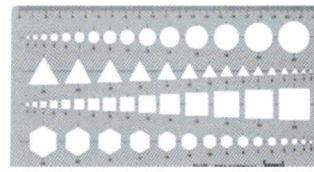

템플릿(다각형 NO.120 종합형판)
크기 : 232×120mm
C, T, H, S : Each 15EA
2.0~22mm Inking

샤프 　　　 지우개 　　　 지우개판 　　　 종이테이프 　　　 제도용 빗자루

4) 평면도와 단면도

평면도란?

'평면도'란 조경 설계 시 가장 기본이 되는 도면으로 수목과 시설물, 출입구, 각 공간의 배치와 구조를 나타내기 위해 수평 방향으로 절단해 위에서 내려다본 모습을 보여주는 도면이다.

단면도란?

조경 공간을 절단선을 기준으로 수직으로 잘라 옆에서 본 모양을 그린 도면이 단면도이다. 이를 통해 각 공간의 포장재 질과 시설물, 수목의 형태, 크기 및 세부 사항을 시각적으로 파악할 수 있으며 일반적으로 단면도는 평면도 함께 사용한다.

5) 선의 종류와 그리기 연습

(1) 실선
① ——————— 굵은 선 : 샤프심 굵기 0.9mm (주로 외곽선, 제목 기재에 사용된다)
② ——————— 중간 선 : 샤프심 굵기 0.5mm (시설물, 수목, 포장 등 기본적인 표현에 사용된다)
③ ——————— 가는 선 : 샤프심 굵기 0.3mm (치수선, [수목]인출선, 세부 표현 등에 사용된다)

(2) 허선
① - - - - - - - - - - 파선 : 숨은선 [보이지 않는 부분을 나타낼 때], 등고선
② —·—·—·—·— 1점 쇄선 : 부지경계선, 단면선, 절단선
③ —··—··—··— 2점 쇄선 : 도면 외곽선, 1점 쇄선과 구분 시

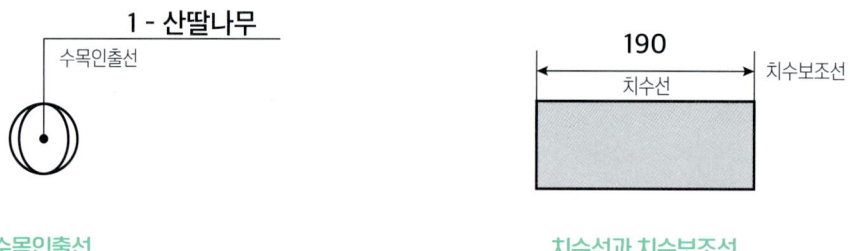

수목인출선 / 치수선과 치수보조선

(3) 수목인출선과 치수선
① 수목인출선 : 수목 그림에 세부 내용을 표시하기 어려우면 수목인출선을 사용하여 수량, 수목명, 규격 등을 기입한다.
② 치수선 : 보통 단면도의 단면 상세도에서 치수를 나타낼 때 사용한다. 치수는 mm 단위로 하며 "mm" 기호는 생략한다. 만약 cm 등 mm 이외의 단위를 사용할 경우에는 기호를 생략해서는 안 된다.
③ 치수보조선 : 치수선을 나타내기 위해 도형의 경계에서 인출하여 치수선의 양쪽에 수직으로 그려주는 실선

(4) 도면의 문자[글씨] 표현
① 도면상의 글자는 도면명, 수목수량표, 시설물수량표, 단면도 제목 등 큰 글씨는 0.9mm 또는 0.7mm로 표현하고, 그 밖의 세부 사항의 글씨는 0.5mm 또는 0.3mm로 표현한다.
② 글씨체는 고딕체 또는 헤드라인체로 일정한 서체를 유지하여 통일성 있게 작성하도록 한다.

도로변 소공원	도로변 소공원	도로변 소공원	도로변 소공원
조경계획도	조경계획도	조경계획도	조경계획도
수목수량표	수목수량표	수목수량표	수목수량표
시설물수량표	시설물수량표	시설물수량표	시설물수량표

고딕체 / 헤드라인체

(5) 주의사항

① 샤프를 쥔 손가락이 종이를 누르는 압력을 일정하게 조절하여 한 번에 그릴 수 있도록 연습한다.

② 같은 선을 여러 번 왔다 갔다 그을 경우, 선의 진하기와 굵기가 달라지므로 한 번에 일정한 힘과 속도로 그린다.

③ 같은 굵기의 샤프심이라도 반복된 숙달을 통해 누르는 힘을 조절하여 선의 굵기를 조절할 수 있을 정도로 연습하는 것이 좋다.

④ 하지만, 짧은 선이라 할지라도 처음부터 감각에 의존하기보다는 눈금자를 활용하여 정확히 긋도록 숙달한다.

⑤ 수평선은 좌측에서 우측으로, 수직선은 아래에서 위로 그린다.

⑥ 모서리 부분에서 선이 교차할 때는 겹쳐서 삐쳐 나가거나 모자라지 않도록 정확히 일치시킨다.

2. 평면도 작성

1) 평면도의 공간 배분

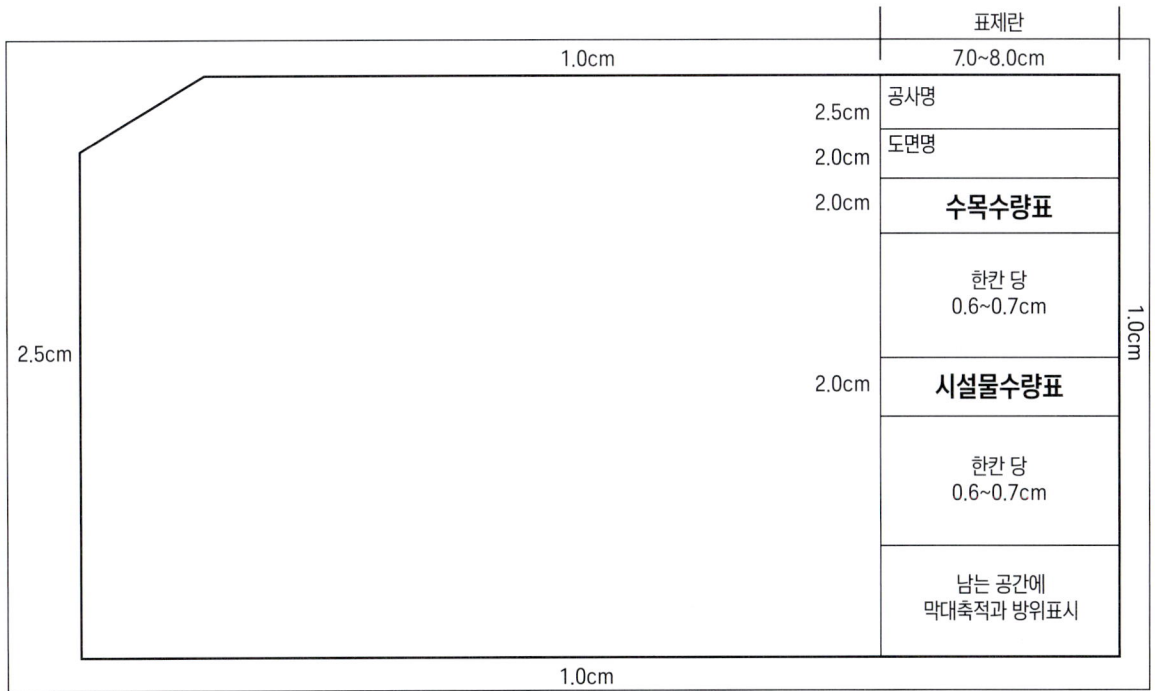

① 도면의 외곽선은 수험정보란을 고려하여 왼쪽은 2.5cm를 이격하고, 오른쪽과 위, 아래는 1.0cm의 여백을 두고 그린다. [외곽선 굵기 : 0.9mm]

② 표제란은 가로폭 7.0~8.0cm로 하며, 위에서부터 공사명, 도면명, 수목수량표, 시설물수량표, 막대축척 및 방위표시를 할 공간으로 분할된다. [표제란의 분할 실선 굵기 : 0.5mm]

③ 수목과 시설물의 종류(가짓수)에 따라 수목수량표와 시설물수량표의 칸수가 달라지므로 문제분석 시 미리 수목과 시설물의 개수를 파악한 상태에서 표제란을 그리도록 한다.

2) 평면도에 쓰이는 기호[표]

(1) 시설물

① 휴게시설

구분	명칭	기호	일반적인 규격	명칭	기호	일반적인 규격
휴게시설	퍼걸러 (그늘시렁)	◻⊠	3,000×3,000 3,500×3,500 4,500×4,500 [H 2,700]	평벤치	▭	1,800×400 1,800×500 1,800×600
	퍼걸러 (그늘시렁)	⊠	3,000×6,000 4,500×9,000 [H 2,700]	등벤치	▭	1,800×600 1,800×700
휴게시설	육각정자	⬡	4,500×4,500 [H 3,500]	야외탁자	▭	1,800×1,400 1,800×1,800
	쉘터	⬡	4,500×4,500 [H 3,500]	평상	▭	2,100×1,500

② 놀이시설

구분	명칭	기호	일반적인 규격	명칭	기호	일반적인 규격
놀이시설	정글짐	▦	3,000×3,000 3,500×3,500 4,500×4,500 [H 2,700]	미끄럼대		1,800×400 1,800×500 1,800×600
	회전무대	⊕	3,000×6,000 4,500×9,000 [H 2,700]	시소		1,800×600 1,800×700
	철봉	∘—∘—∘—∘	4,500×4,500 [H 3,500]	사다리		1,800×1,400 1,800×1,800

| 놀이 시설 | 그네 | 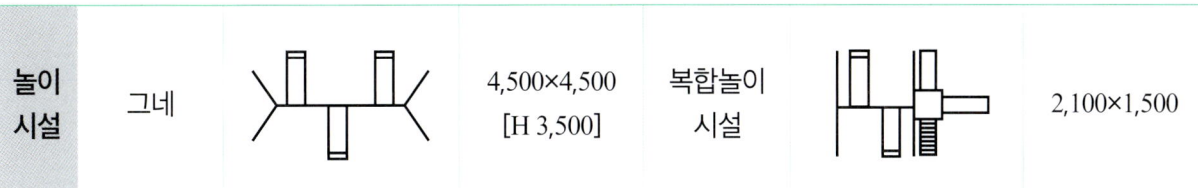 | 4,500×4,500 [H 3,500] | 복합놀이 시설 | | 2,100×1,500 |

③ 기타 조경시설

구분	명칭	기호	일반적인 규격	명칭	기호	일반적인 규격
기타 조경 시설	휴지통	◐	φ600	볼라드	●	φ400
	수목 보호대	□	1,000×1,000	빗물받이	◪	600×600
	음수대	▣	500×500	집수정	⧖	900×900
	조명등	⬤	H 4,500	분수대	◎	
	연못			벽천		

④ 계단

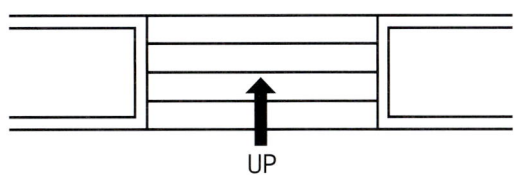

ㄱ. 단 높이 2R+T=60~65cm
ㄴ. 계단참 : 높이 2m 초과 시 2m 이내마다 계단의 유효 폭 이상의 폭으로 너비 120cm 이상의 참을 둔다.

⑤ 경사로 [장애인용 램프]

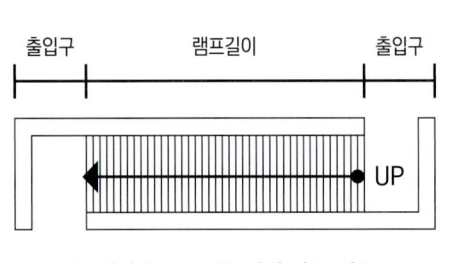

높이차가 0.6m를 넘지 않는 경우

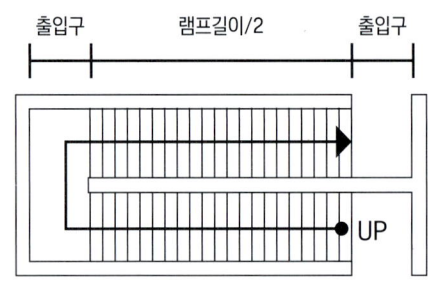

높이차가 0.6m를 초과하는 경우

장애인용 램프 표현

> ☑ POINT
>
> 계단으로 오르기 힘든 노약자, 장애인, 임산부 편의를 위해 관련법에 적합하도록 설치한다.
> **[유효 폭**:120~200cm] 문제 출제 시 대부분 현황도에 표시되므로 규격을 따로 암기할 필요는 없다.
> 화살표 표시와 UP 표시를 반드시 할 것

⑥ 주차장

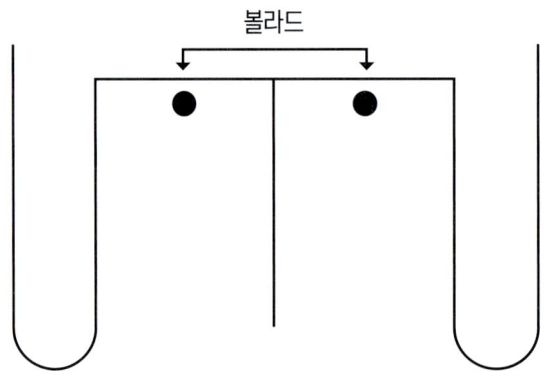

ㄱ. 주차 면적

    a. 일반 차량(소형차/경차) : 폭 3m(2.5m) × 길이 5m

    b. 대형 차량(버스) : 폭 5m × 길이 10m

    c. 공원 내 차량 진입을 제한하기 위한 시설물로 볼라드를 설치한다.

3) 평면도에서의 포장 표현(위에서 보았을 때 모습)

구분	포장 명	표현	포장 명	표현
기타 조경 시설	모래 포장		소형고압 블럭 포장	
	마사토 포장		판석 포장	
	콘크리트 포장		자연석 포장	

(1) 공간별 특성에 따른 포장의 선택

① 휴게공간 : 마사토 포장, 소형고압블럭 포장, 벽돌 포장 등

② 놀이공간 : 고무칩 포장, 마사토 포장, 인조잔디 포장 등

③ 운동공간 : 마사토 포장, 고무칩 포장, 인조잔디 포장 등

④ 수경공간 : 방수콘크리트 포장(주변은 투수콘크리트 포장)

⑤ 보행공간(이동공간) : 소형고압블럭 포장, 벽돌 포장, 콘크리트 포장, 자연석 포장 등

⑥ 주차공간 : 콘크리트 포장, 아스콘 포장 등

4) 평면도에서의 식물표현

(1) 평면도 수목의 표현

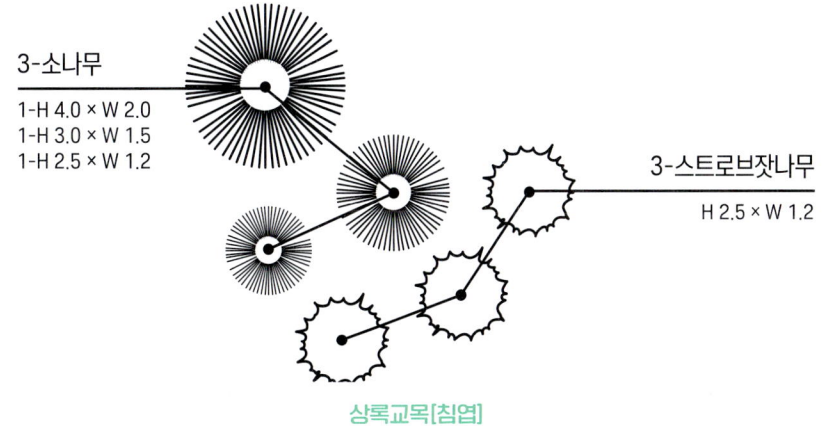

상록교목[침엽]

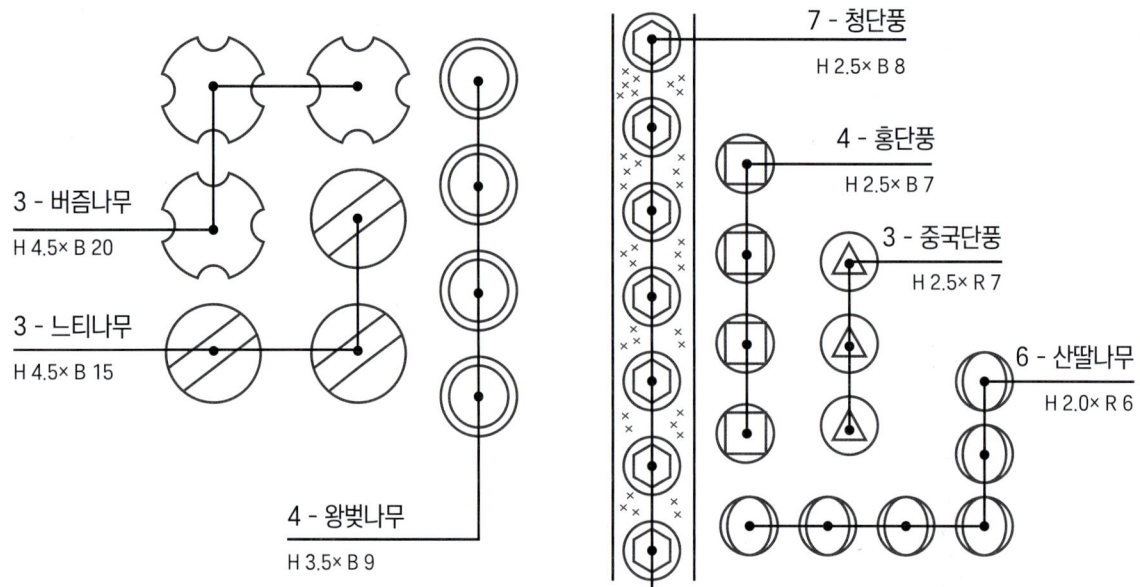

낙엽교목

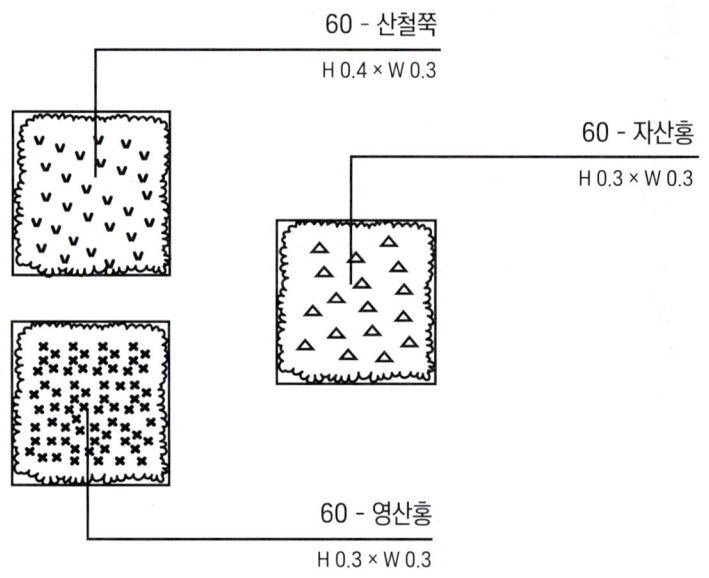

관목/초화류

(2) 수목의 선정

조경기능사 도면작성 시험에서는 문제마다 식재해야 할 수목의 종류와 규격이 문제와 함께 목록으로 주어지기 때문에 그 중에 요구하는 조건에 맞는 수목을 선택하여 표제란에 적고 수목수량표와 평면도 단면도에 적절히 그려주기만하면 된다.

① 상록침엽교목에 속하는 대표 수종 : 소나무, 가이즈까 향나무, 곰솔, 구상나무, 금송, 독일가문비, 화백, 서양측백, 섬잣나무, 주목, 측백나무, 향나무

② 낙엽활엽교목에 속하는 대표 수종: 버즘나무, 느티나무, 산딸나무, 산수유, 살구나무, 상수리나무, 산벚나무, 가중나무, 갈참나무, 감나무, 대추나무, 벽오동, 복자기, 계수나무, 굴참나무, 꽃사과, 귀룽나무, 떡갈나무, 마가목, 매화나무, 모과나무, 은행나무, 이팝나무, 목련, 배롱나무, 홍단풍, 청단풍, 층층나무, 백합나무, 팥배나무, 회화나무
③ 상록활엽관목에 속하는 대표 수종: 광나무, 영산홍, 해당화, 피라칸사스, 호랑가시나무, 꽝꽝나무, 돈나무, 목서, 후피향나무, 사철나무, 다정큼나무, 치자나무
④ 낙엽활엽관목에 속하는 대표 수종: 산수국, 장미, 조팝나무, 좀작살나무, 흰말채나무, 말발도리, 무궁화, 박태기나무, 화살나무, 황매화, 생강나무, 백철쭉, 병꽃나무, 덩굴장미
⑤ 녹음식재에 적합한 수종: 여름철 그늘 제공, 경관 조성 효과가 있도록 수관이 크고 지하고가 높은 낙엽활엽교목이 적당하다.
  예) 느티나무, 가중나무, 플라타너스, 은행나무, 칠엽수, 회화나무, 팽나무, 오동나무 등
⑥ 경관식재: 관상에 적합한 수형이 아름답고 단정한 수종을 택한다.
  예) 소나무, 주목, 구상나무, 은행나무, 칠엽수, 자귀나무, 수수꽃, 다리, 황매화 등
⑦ 차폐식재: 사생활 보호, 방음 및 시각적으로 차단이 필요한 곳에 되도록 수관이 크고 지엽이 치밀한 수종으로 택하여 식재한다.
  예) 녹나무, 아왜나무, 측백, 가이즈까 향나무, 화백, 쥐똥나무, 금목서, 감탕나무, 독일가문비, 가시나무 등
⑧ 경계식재: 지엽이 치밀하고 전정에 강한 수종을 택한다.
  예) 측백, 스트로브 잣나무, 잣나무, 독일가문비, 박태기나무, 사철나무, 호랑가시나무, 무궁화, 화백 등
⑨ 유도식재: 동선을 의도하는 방향으로 설정하기 위해 수목 식재를 통해 유도하는 것으로 지엽이 치밀하고 전정에 강한 상록수로 선택한다.
  예) 측백, 산수유, 철쭉류, 박태기나무, 말발도리, 광나무 등
⑩ 완충식재: 도로나 철도, 공장 주변에 공해방지, 사고방지를 위해 식재하는 것으로 생장 속도가 빠르고 척박지에 잘 견디며 공해에 강한 수종이 적합하다.
  예) 은행나무, 무궁화, 태산목, 플라타너스, 향나무, 돈나무, 아왜나무, 후피향나무, 가시나무, 호랑가시나무, 튤립나무 등
⑪ 지표식재: 공원 진입부의 강조나 주요 결절부의 상징적인 지표물의 기능을 위해 주로 꽃이나 열매가 아름다운 수종이나 랜드마크 기능을 할 수 있는 수목을 위주로 단정하게 조성한다.
  예) 소나무, 주목, 금송, 구상나무, 독일가분비, 계수나무 등

(3) 공간별 수종 선정

① 출입구(진입구): 진입부 강조를 위해 흉고직경 B12 이상 또는 근원직경 R15 이상의 대형수목으로 지표 식재를 하는 것이 좋다.
② 퍼걸러 주변: 휴식을 위한 공간으로 편안함과 안정감을 느낄 수 있도록 낙엽교목 위주로 식재하고 화목류를 적절히 배치하여 수목과 주변 경사면 등이 울타리처럼 감싸는 위요경관의 형태로 조성하는 것이 좋다.
③ 광장: 시각적인 개방감이 느껴지도록 진입부에 밀식을 피하고, 녹음수를 분산 배치한다. 광장 중심에서 바라보는 주요 시설물이 가려지지 않도록 주의한다.
④ 마운딩표현: 마운딩 상단부에는 수고가 다른 교목과 관목을 적절히 섞어서 식재하며, 마운딩을 바라봤을 때 뒤쪽에는 키가 큰 상록 교목류를 식재하고, 앞쪽으로는 관목 위주로 식재한다. 마운딩의 경사가 급할 경우에는 중심부 식재는 생략하고 하단부에 관목류를 식재한다.
⑤ 산책로: 계절변화와 녹음을 느낄 수 있도록 다양한 수종의 낙엽교목을 위주로 식재한다. 긴 산책로의 경우 곡선으로 S 자형 및 지그재그 형태로 조성하여 리듬감을 줄 수 있도록 배식한다.

⑥ 식수대 : 식수대란 Plant Box를 말한다. 시각적으로 주목되는 공간이므로 초화류와 화목류로 특색있게 조성하여 설치목적에 부합하도록 한다.

5) 축척(스케일)과 방위

아래와 같이 여러 가지 모양과 방법으로 축척과 방위를 나타낼 수 있지만, 한 가지만 택하여 실수 없이 빠르게 그릴 수 있도록 숙달하는 것이 좋다.

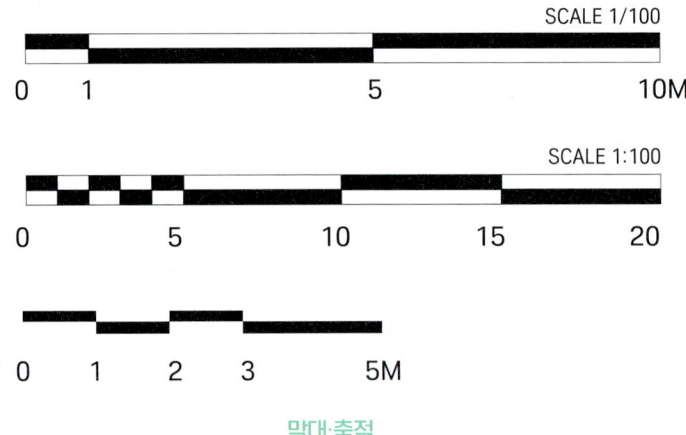

막대·축적

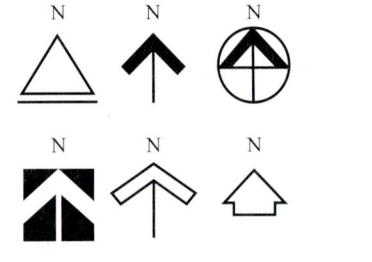

방위표시

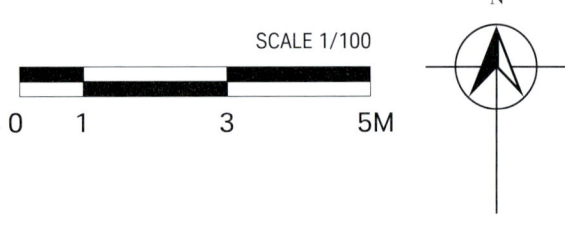

추천하는 방위·막대표시

3. 도면작성의 순서

> ✅ **POINT**
>
>
> 도면작성의 기본적인 지식을 숙지하였다면 이제 간단한 예제를 통해 실제로 도면을 작성하는 순서를 익힙니다.
> 파이팅혼공TV 유튜브 강의 [조경 기능사 실기 도면작성 합격공식 2]를 함께 시청하시면 이해하시는 데 도움이 될 것입니다.

시간 배분(제한 시간: 2시간 30분)	
문제분석	10분
평면도	1시간 30분 이내
단면도	40분
검토	10분
합격 포인트	자신만의 **작성 순서를 설정하고 그대로 반복**하여 **시간을 줄여 나간다**!

파이팅혼공TV 추천 조경 설계도면 작성 순서			
문제분석	10분		
평면도	1시간 30분	1. 도면 외곽선 2. 표제란 작성 3. 도면모눈(보조선-보일락 말락 연하게) 4. 현황도-경계그리기 5. 시설물 6. 수목+인출선+표제란 7. 표제란 완성/점검 8. 고도/ 포장 표시/ 점검	순서는 한번 정했으면 바꾸지 말고 계속 반복하여 숙달한다.
단면도	40분	1. 도면외곽선 2. 기본양식 3. 경계표현 4. 단면상세도 5. 점검	
검토 및 제출	10분	누락 요소 점검	

(1) 문제분석

문제지와 도면을 작성할 답안지가 배부되면 답안지를 제도판에 부착 후 시험 시작 10분 정도를 할애하여 문제를 꼼꼼하게 읽고 분석하는 과정을 반드시 거쳐야 한다. 문제지에는 아래와 같이 현황도와 요구사항, 설계조건이 순서대로 등장하며 이 중에 설계조건을 하나하나 분석하는 것이 도면작성 파트에서 가장 중요하다고 해도 과언이 아니다. 도면작성의 모든 가이드라인은 설계 조건에 있다. 자, 이제 실전 예제를 통해 문제 분석을 해보도록 하자.

> [실전예제]
>
> **우리나라 중부지역, 도로변 빈공간(소공원) 주어진 현황도, 설계조건에 따라 조경계획도를 작성하시오**

① 요구사항 : 용지 1에는 평면도, 용지 2에는 A-A′ 단면도를 축척 1/100으로 작성하시오.

② 현황도

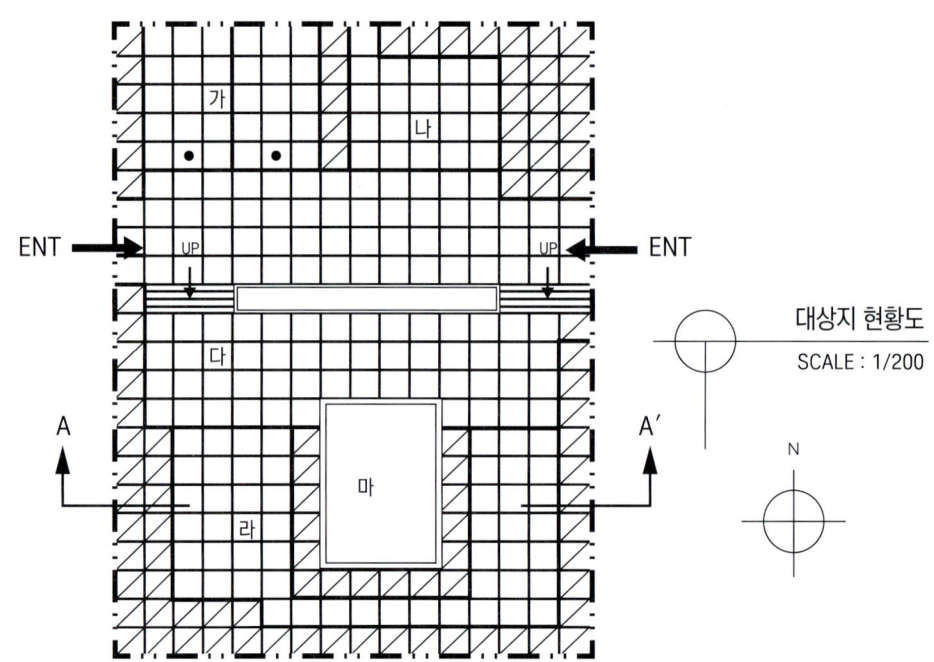

③ 설계조건

> ✅ **CHECK POINT**
>
> 설계조건을 파악할 때는 미리 중요한 요소들을 체크하여 반드시 현황도 빈 곳에 메모를 해두는 것이 좋다. 그래야 도면을 그릴 때 문제지를 계속 다시 들춰보지 않더라도 메모 해둔 내용만 참고하여 그려나가면 되기 때문에 시간을 대폭 절약할 수 있을 뿐 아니라 실수하지 않고 한 번에 작성할 수 있다.
> 문제 분석 시 설계조건에서 파악해야 하는 요소들은 다음과 같다.

ㄱ. 설계조건은 보통 1~10번까지 주어진다.
ㄴ. "무엇을 그려야 하는가?"에 대한 구체적인 정보를 주므로 공간 특징을 파악할 수 있다.
   예 "해당 지역은 휴식 공간과 어린이 놀이공간이다."
ㄷ. 주어진 포장은 무엇인가? 지역별 바닥포장에 대한 정보와 요구사항을 파악할 수 있다.
   ✋ 가, 나, 다, 라, 마…지역 제목과 포장 현황도에 바로 체크

ㄹ. 계단, 수경공간 등 높이차를 파악할 수 있다. (현황도에 메모할 것)
ㅁ. 시설물 종류의 앞 자를 따서 현황도 빈 곳에 메모한다.
ㅂ. 수목은 소나무군식 유무를 파악, 상록교목, 낙엽교목, 관목을 각각의 수량에 맞게 계획한다.
   ✋ 문제지 하단 수목표에서 내가 미리 정한 수목 찾아 딱 수량에 맞게 동그라미를 친다. (총 10종 혹은 12종으로 주로 출제된다)

※ 그렇다면 이제 실제 설계조건을 끝까지 살펴보자.

설계조건

1. 해당 지역은 도심 휴게공간으로 휴식 공간과 어린이들이 즐길 수 있는 특성을 고려하여 조경계획도를 작성합니다. 포장 지역을 제외한 곳에는 가능한 식재를 계획합니다. (녹지공간은 대각선 친 부분입니다)
2. 포장 지역은 "콘크리트, 고무칩, 마사토, 모래, 소형고압블럭, 투수콘 포장" 등을 적당한 위치에 선택하여 표시하고 포장명을 기재합니다.
3. "가" 지역은 소형자동차 2대가 주차할 수 있도록 계획하고 설계합니다.
4. "나" 지역은 휴게공간으로 퍼걸러 1개소, 휴지통 1개소를 계획하고 설치
5. "다" 지역은 어린이를 위한 놀이공간으로 "나" 지역에 비해 1m 높은 지역으로 적당한 곳에 놀이시설 3종, 수목보호대 2개소, 등벤치 1개소를 계획하고 설치하시오.
6. "라" 지역은 휴식 공간으로 적당한 곳에 수목보호대 2개소, 평벤치 2개소, 휴지통 2개소를 계획하고 설치합니다.
7. "마" 지역은 수경 공간으로 "라" 지역에 비해 60cm 낮은 지역으로 계획하고 설계합니다.
8. 필요한 공간에 수목보호대를 계획하고, 차폐식재, 유도식재, 경관식재(소나무군식), 녹음식재 패턴을 필요한 곳에 적당히 배식하여 조형을 계획하고 설계하시오.
9. 수목은 아래의 수종 중에서 10가지를 선정하여 골고루 안정적이고 아늑한 경관이 될 수 있도록 계획하고 설계하시오.

소나무(H4.0×W2.0), 소나무(H3.0×W1.5), 소나무(H2.5×W1.2), 스트로브잣나무(H2.5×W1.2), 스트로브잣나무(H2.0×W1.0), 왕벚나무(H4.5×B15), 산사나무(H2.5×R6), 느티나무(H3.5×R8), 청단풍(H2.5×R9), 중국단풍(H2.5×R5), 자귀나무(H2.5×R6), 산딸나무(H2.0×R5), 산수유(H2.5×R7), 꽃사과(H2.5×R5), 수수꽃다리(H1.5×W0.6), 병꽃나무(H1.0×W0.4), 쥐똥나무(H1.0×W0.4), 명자나무(H0.6×W0.4), 산철쭉(H0.4×W0.5), 자산홍(H0.4×W0.3), 영산홍(H0.4×W0.3), 황매화(H1.0×W0.4), 조릿대(H0.6×8가지), 맥문동(H0.2×5포기)

※ 설계조건을 모두 읽어 보았다면 파악해야 할 내용들을 현황도나 문제지의 적당한 빈공간에 빠르게 메모해 둔다.

> ✅ **설계조건 파악하여 메모하기**
>
> -가: 주차장 콘크리트 0.0
>   2. 포장 메모   3. 높이 메모
> -나: 휴게공간 마사토 0.0
>
> -다: 놀이공간 고무칩 +1.0
>
> -라: 휴식공간 투수콘크리트 +1.0
>
> -마: 수경공간 방수콘크리트 +0.4
>
> -시설물: 퍼, 휴, 정, 회, 철, 수, 등, 평, 볼(9종 10칸)
>   4. 시설물 종류를 앞 글자를 따서 메모해 둔다.
> -수목: 10종 13칸(소나무군식이 포함될 경우 소나무 1종에 규격을 달리하여 3칸에 기입한다)
>   5. 수목 메모

1. 공간특징 파악
2. 지역별 포장
3. 높이 체크
4. 시설물 종류
5. 식재할 수목 선택 ※표제란 틀을 작성할 때 필수적으로 알아야 하는 정보이므로 미리 파악해 둔다.

- 소나무 군식, 상록교목, 낙엽교목, 관목 수량 맞게 내가 미리 정한 수목 찾아 딱 수량에 맞게 동그라미
- 총 10종일 경우 구성: **예** 상록교목(2종), 낙엽교목(5종), 관목(3종)
- 총 13종일 경우 구성: **예** 상록교목(2종), 낙엽교목(7종), 관목(4종)

소나무(H4.0×W2.0), 소나무(H3.0×W1.5), 소나무(H2.5×W1.2), 스트로브잣나무(H2.5×W1.2), 스트로브잣나무(H2.0×W1.0), 왕벚나무(H4.5×B15), 산사나무(H2.5×R6), 느티나무(H3.5×R8), 청단풍(H2.5×R9), 중국단풍(H2.5×R5), 자귀나무(H2.5×R6), 산딸나무(H2.0×R5), 산수유(H2.5×R7), 꽃사과(H2.5×R5), 수수꽃다리(H1.5×W0.6), 병꽃나무(H1.0×W0.4), 쥐똥나무(H1.0×W0.4), 명자나무(H0.6×W0.4), 산철쭉(H0.4×W0.5), 자산홍(H0.4×W0.3), 영산홍(H0.4×W0.3), 황매화(H1.0×W0.4), 조릿대(H0.6×8가지), 맥문동(H0.2×5포기)

※ 설계조건을 분석하여 수목의 선정까지 모두 끝났다면 이제 본격적으로 답안지에 도면을 작성하기 시작한다.

1) 평면도 작성(목표 시간: 1시간 30분 이내)

>  **POINT**
>
>
>
> 유튜브 강의 영상을 시청하시면서 직접 도면을 작성해 보시는 것을 추천해 드립니다.
> 조경 기능사 실기 도면 작성 합격공식 3(평면도 전과정 해설)

		평면도(조경계획도)
평면도	목표 시간 1시간 30분 이내에 완성해 보자.	1. 도면 외곽선 2. 표제란 작성 3. 도면 모눈(보조선)-보일락 말락 연하게 그린다) 4. 현황도-경계 그리기 5. 시설물 6. 수목+인출선+표제란 7. 표제란 완성/점검 8. 고도/ 포장 표시/ 점검

(1) 제도판에 도면을 부착, 고정한다. (도면 작성 시작 전 미리 해두면 좋지만, 시간이 여의치 않다면 도면작성에 앞서 신속히 고정한다)

☑ TIP : "I"를 끝까지 내리고, "I" 상단에 답안지 하단 끝 선을 정확히 맞춘 후 위쪽 모서리 끝 두 곳에 종이테이프 등으로 고정한다. 종이가 빳빳하게 제도판과 잘 밀착되어 있다면 굳이 아래쪽 두 모서리는 고정하지 않는 것이 좋다. 아래쪽 모서리에 테이프를 붙일 경우 "I"를 내리고 올릴 때 종이테이프가 "I"에 붙어 답안지가 찢어지는 불상사가 생길 수 있다.

(2) 도면 외곽선 그리기

0.9mm 샤프를 들고 "I"를 활용하여 위쪽, 아래쪽, 오른쪽 모두 1cm를 띄우고, 왼쪽은 실제 답안지에 인쇄 부분인 수험정보란을 고려하여 2.5cm 정도를 띄우고 외곽선을 그린다. 모서리가 정확히 교차되고 삐쳐나가지 않도록 주의한다.

☑ TIP : 왼쪽상단 모서리는 철을 하도록 사선으로 되어 있으므로 적당히 간격을 띄워 사선으로 그려준다.

도면 외곽선 그리기

(3) 표제란 작성

① 표제란은 공사명과 도면명 수목수량표, 시설물 수량표 및 축척과 방위가 표시되는 란으로 수목 종류 수와 시설물 종류 수만 파악이 되면 전체 틀을 모두 초반에 완성할 수 있다. 따라서 문제 분석 시 표제란에 들어갈 정보들은 미리 정확히 파악해 두는 것이 중요하다.

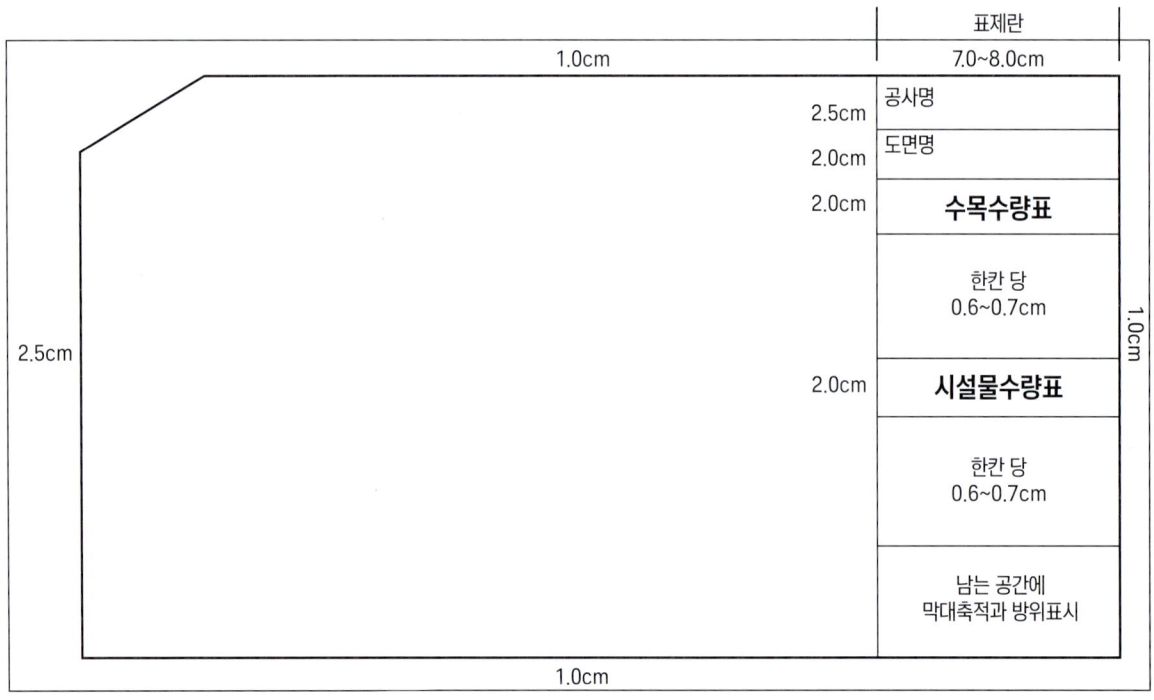

② 표제란의 폭은 7~8cm로 하고, 세로줄을 먼저 긋고, 상단부터 공사명, 도면명, 수목수량표 순서로 세로칸의 간격을 고려하여 가로줄로 쭉 칸을 그려 내려온다.

③ 수목수량표 아래칸과 시설물 수량표 아래칸은 성상, 수목명(시설명), 규격, 수량, 단위란 등을 세로선으로 구분한다. (단위는 조건에서 요구하는 경우에만 칸을 구분해 주면 된다)

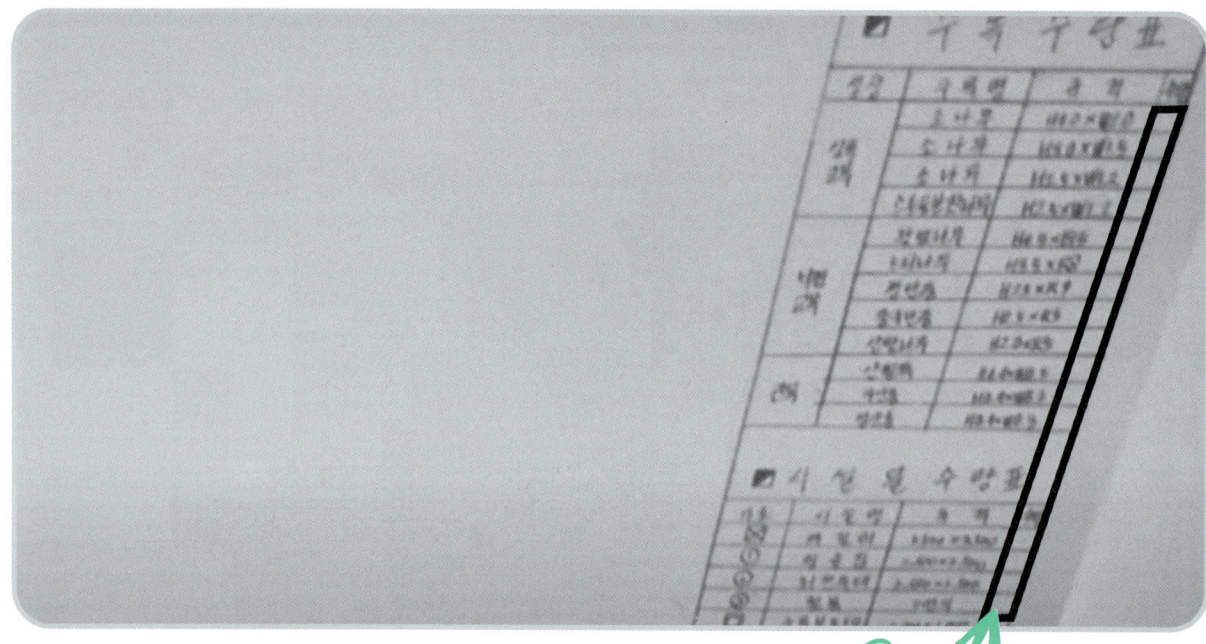

표제란의 틀의 완성

④ 수목과 시설물의 수량란만 비워 놓고 빈칸을 모두 채울 수 있다.

(4) 도면의 중심 찾기

① 두 개의 삼각자를 활용하여 대각선의 중심을 찾는 방식으로 도면의 중심점을 찾는다. 대각선의 길이를 잰 다음 반으로 나눈 지점이 도면의 중심이다.

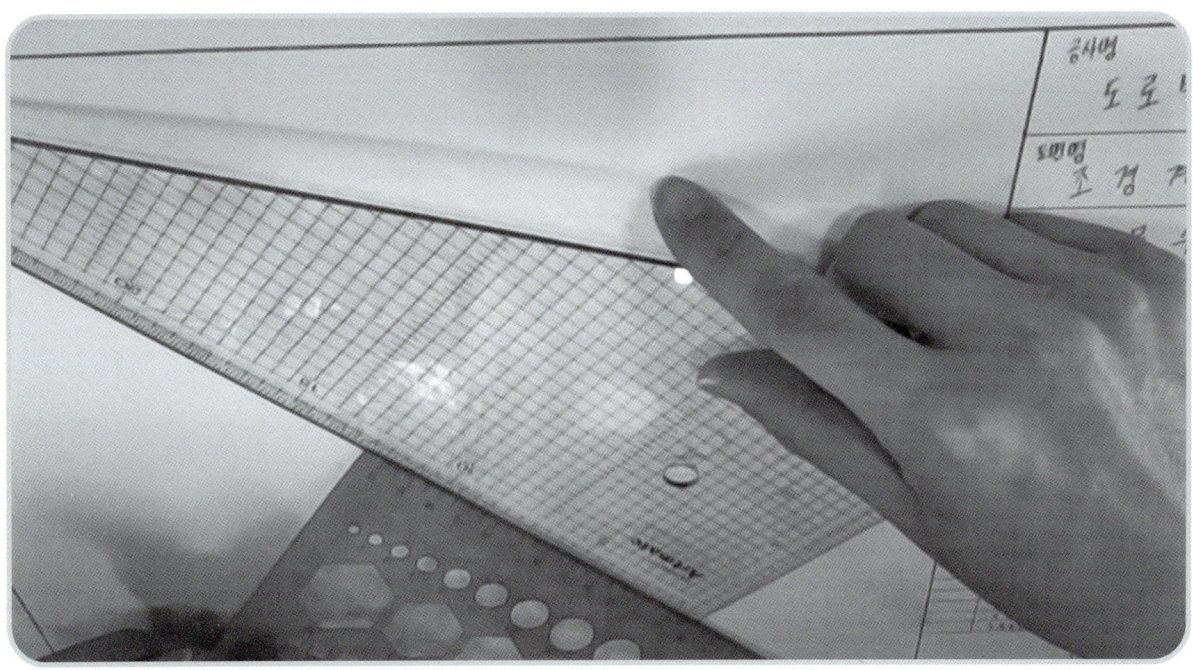

② 나에게만 보이는 매직 방안 그리기

현황도의 가로와 세로 칸수를 세어 표시해 두었다가 도면의 중심에서 상하좌우로 칸수의 반씩 표시를 해준다. 끝 지점을 이어 도면 외곽선을 2점 쇄선으로 그려준다. 그런 다음, 0.3mm 가는심샤프로 최대한 누르는 샤프 끝의 힘을 빼고 보일락말락 한 참고용 보조 방안(모눈)을 그려준다. (반드시 현황도의 칸수와 정확히 일치하게 그린다)

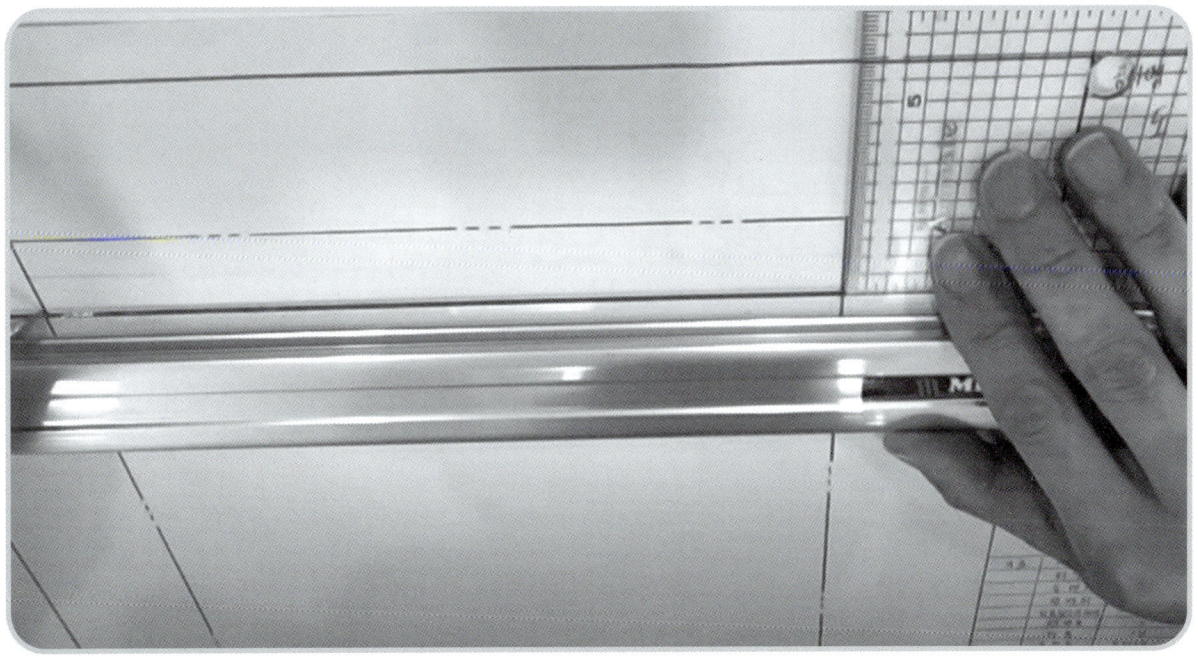

✅ CHECK POINT

도면에 참고용 방안을 너무 진하게 그리게 되면 자칫 감점 요소로 작용할 수 있다. 또한 실수를 수정하기 위해 지우개를 사용했을 때 도면이 얼룩덜룩 지저분해질 수 있으므로 주의한다. 방안을 그리지 않고 정확히 도면작성을 할 수 있는 실력이라면 방안을 그리지 않아도 된다.

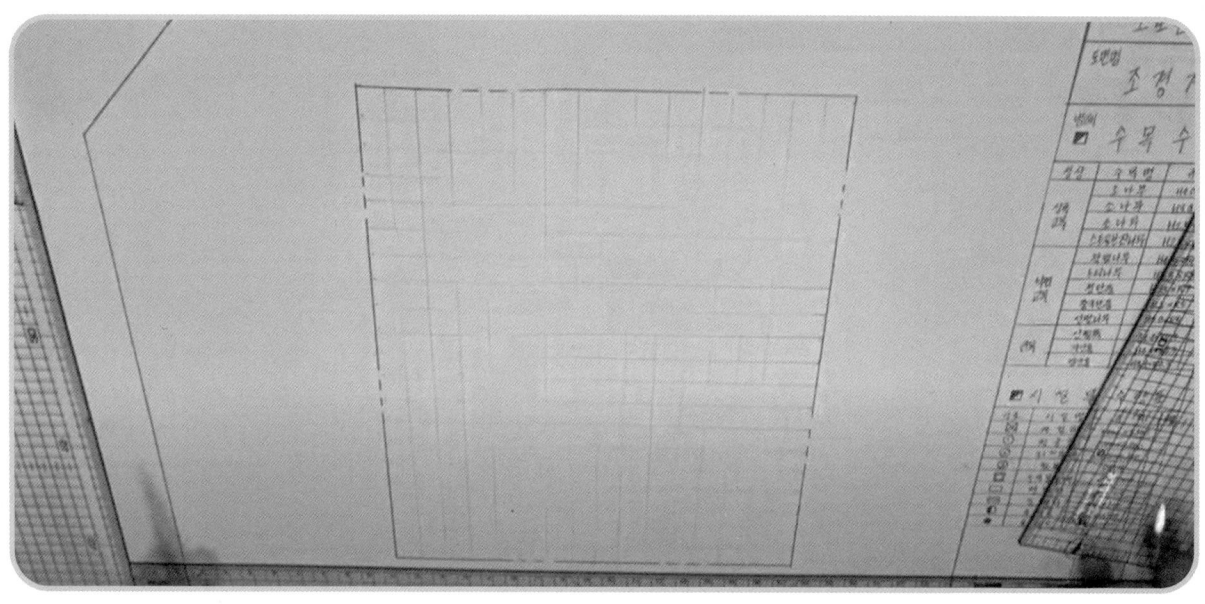

④ 현황도에 표시된 대로 그대로 그려주기만 하면 된다.

(5) 경계선 및 공간 요소 그리기

현황도에서 지역과 지역을 구분하는 경계선은 실제로 화강암 경계석 등으로 구분되므로 2mm 간격 두 줄로 그려준다. 그리고 시설물과 수목을 제외한 모든 요소(계단, 플랜더, 수경공간, 마운딩, 주차장 구분)을 그려준다.

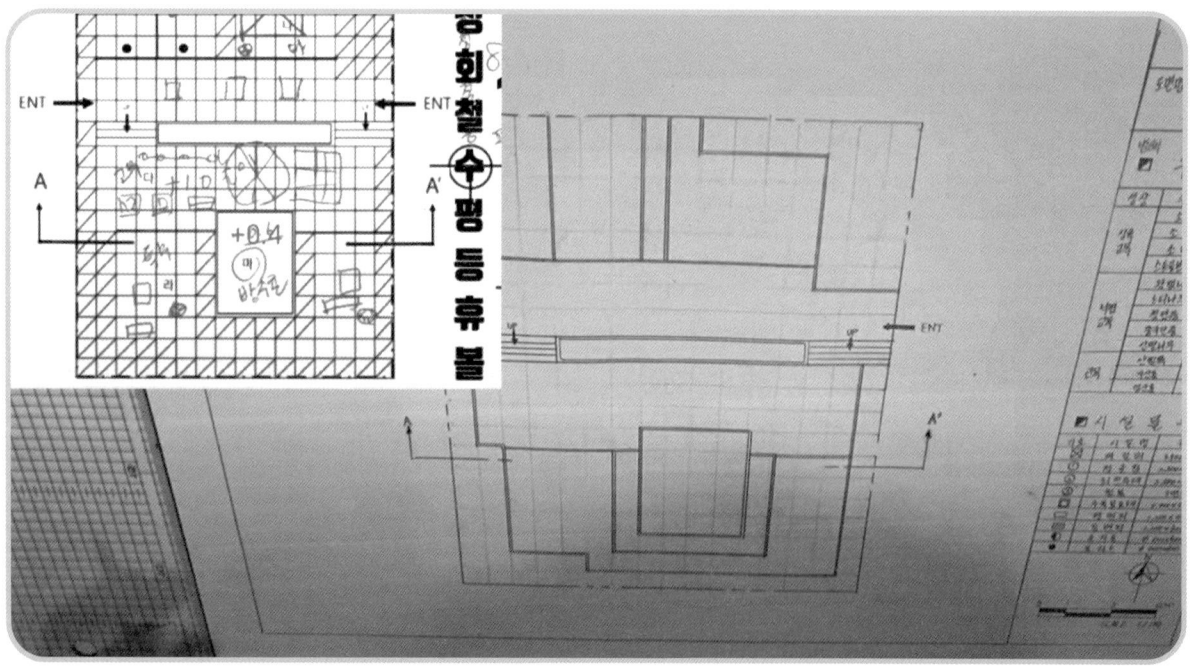

(6) 시설물 그리기

다음으로 표제란 시설물수량표를 보고 각 요소를 현황도와 설계조건을 체크해 가며 도면에 하나하나씩 그려 넣어준다. 시설물을 한 종류씩 그려나가면서 수량을 세어 시설물수량표 수량란도 바로바로 채워준다.

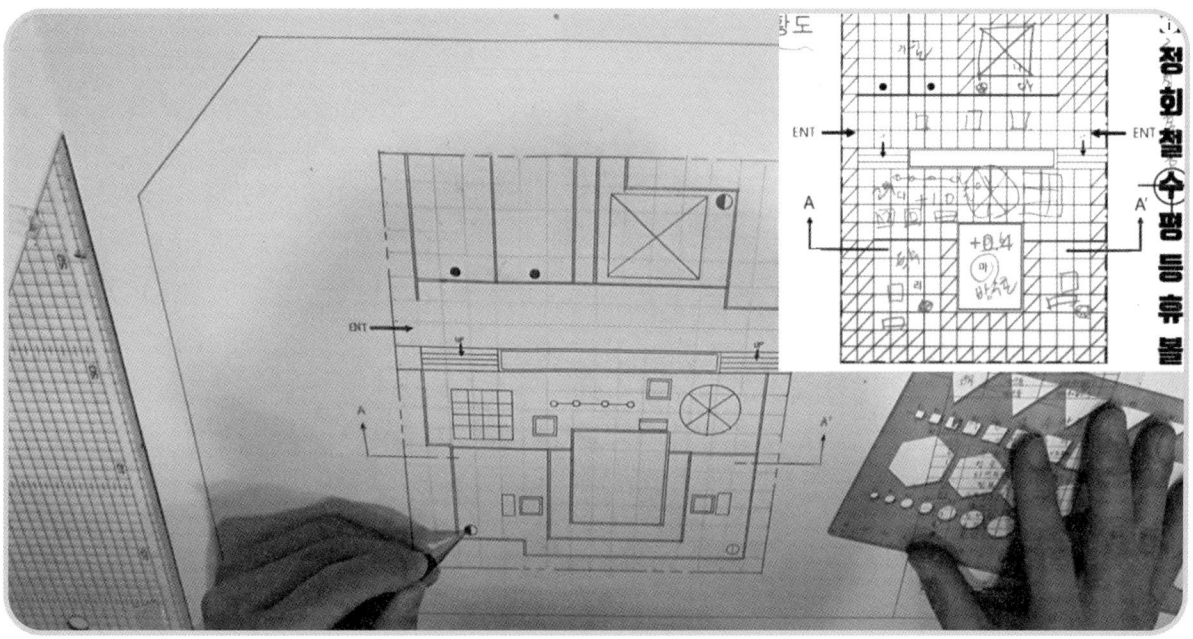

(7) 포장 표현
설계조건 상의 각 공간의 포장 조건을 확인하고 포장 명을 양쪽에 물결 표시 및 기호와 함께 표현해 준다.

(8) 수목 그리기
① 표제란 수목수량표 위에서부터 상록교목, 낙엽교목, 관목 순서대로 하나씩 하나씩 그려나간다.

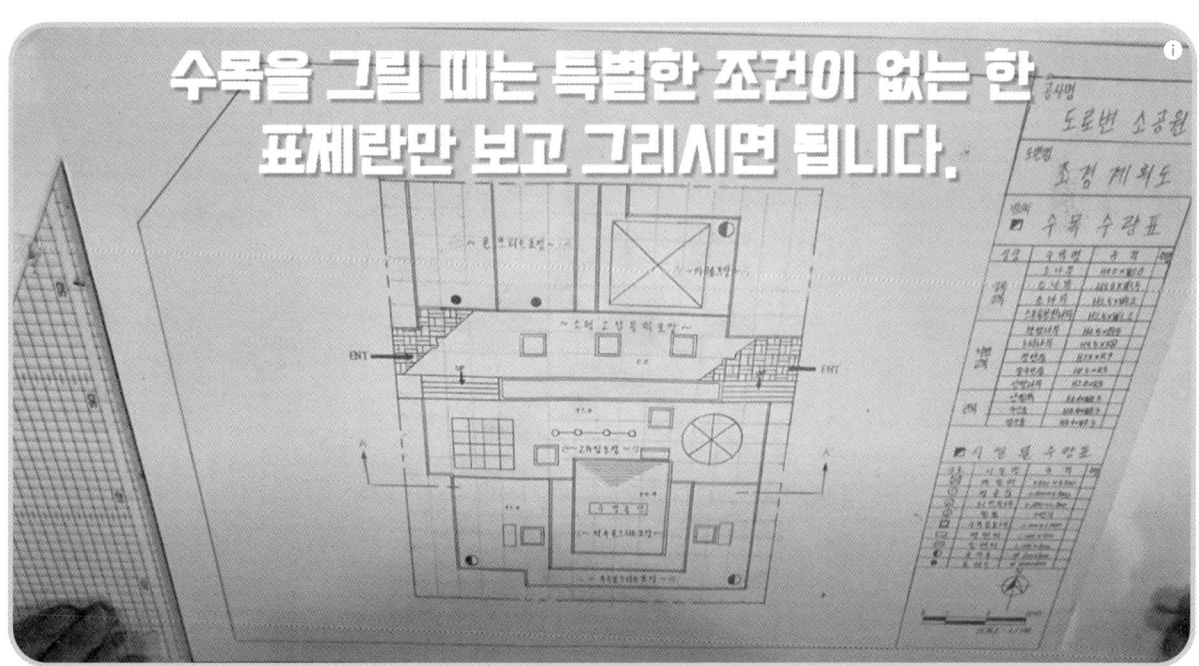

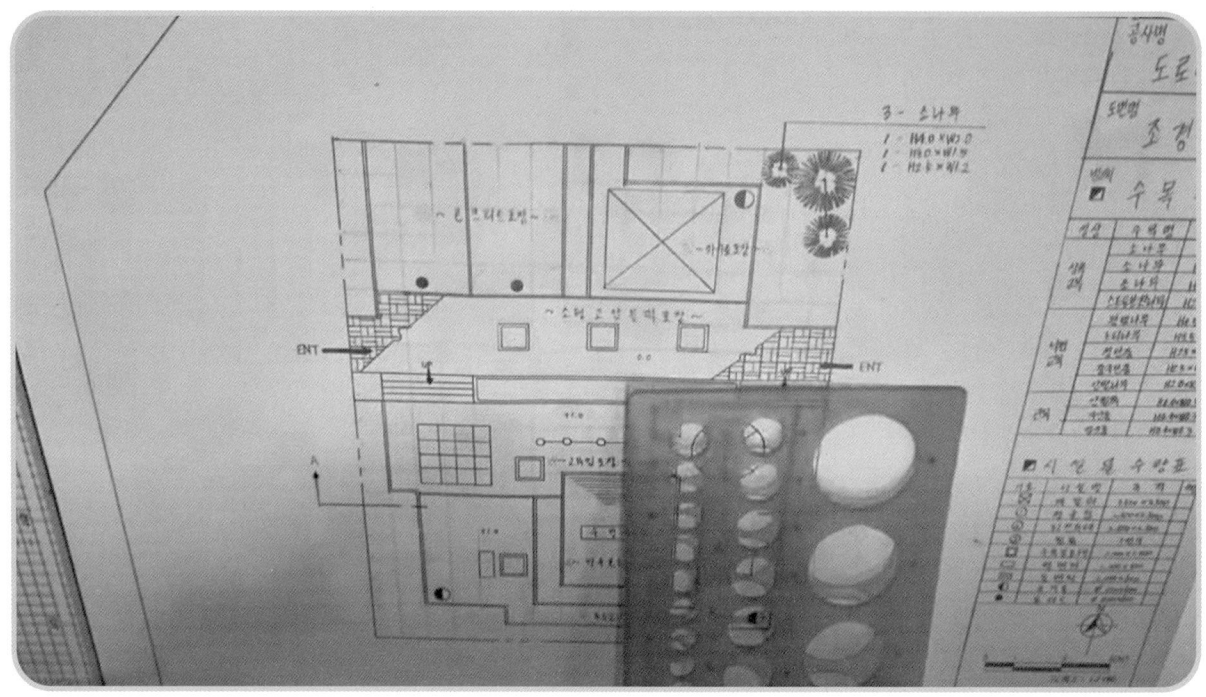

② 먼저 상록교목 중 소나무를 규격별로 1개 이상씩 식재해준다. (소나무군식)

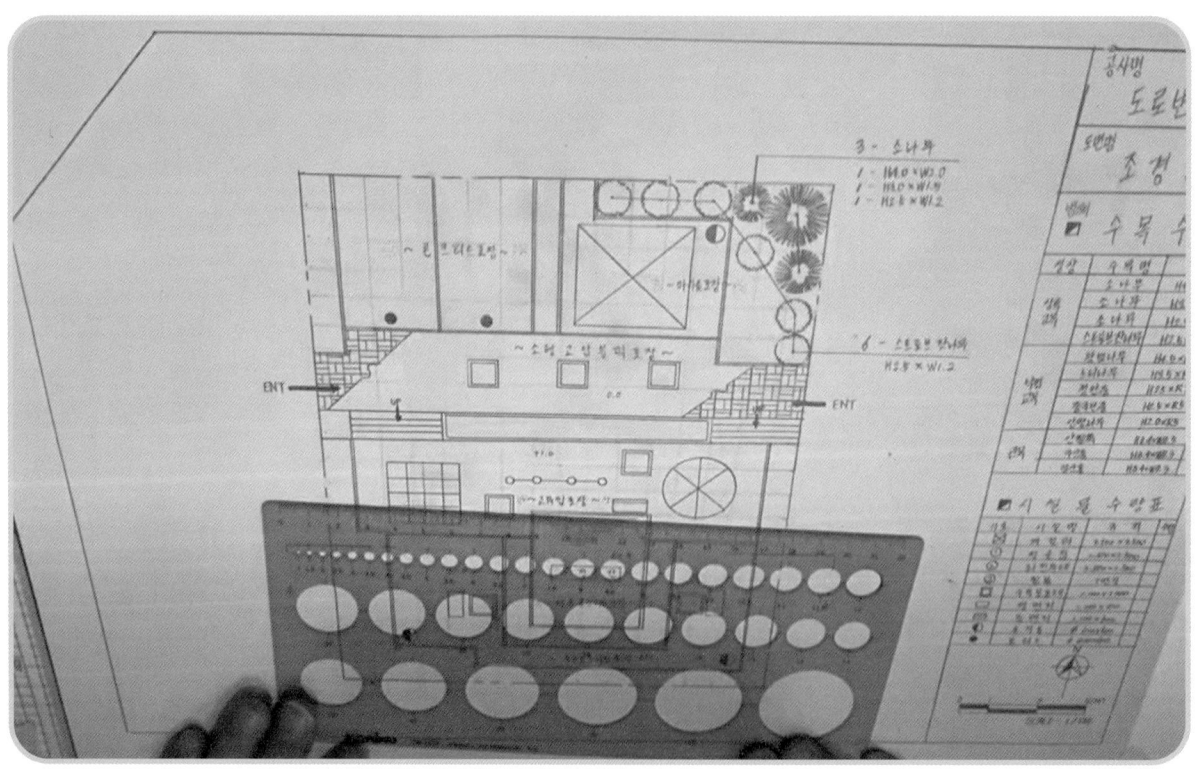

③ 다음으로 상록교목 중 스트로브 잣나무를 식재한다. 한 종류의 수목 식재가 끝날 때마다 수목중심간 수목인출선을 연결하여 적절하게 밖으로 인출하여 수량, 수목명, 규격을 적어주고 표제란의 수량란도 채워준다.
같은 방법으로 수목 수량표의 모든 수목을 도면상에 적절한 위치에 표현해 주고 표제란에도 빠진 요소가 없는지 확인한다.

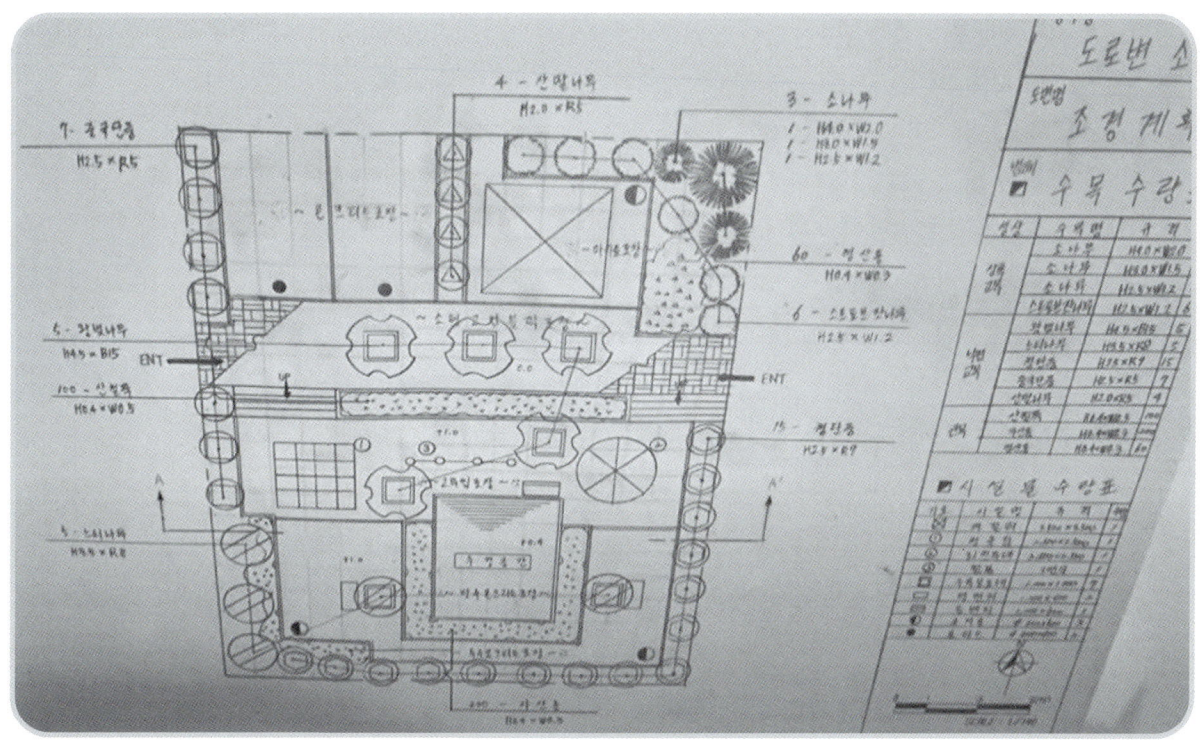

④ 각 공간의 높이표시를 해주고 설계조건을 한 번 더 체크하여 누락된 요소가 없는지 확인한다.

체크가 모두 끝나면 평면도를 제도판에 붙였던 테이프를 도면이 찢어지지 않도록 주의해서 살살 제거하여 잠시 제도판 위쪽에 치워두고, 신속히 단면도 작성으로 넘어간다.

4. 단면도 작성

1) 단면도의 공간 배분

단면도를 그릴 두 번째 답안지를 제도판에 부착한다. 이때 단면도 작성에 있어서 전체적인 시간 단축을 위해 평면도를 단면선에 맞춰 제도판 상단에 보이도록 위치시켜 고정하는 것이 좋다.

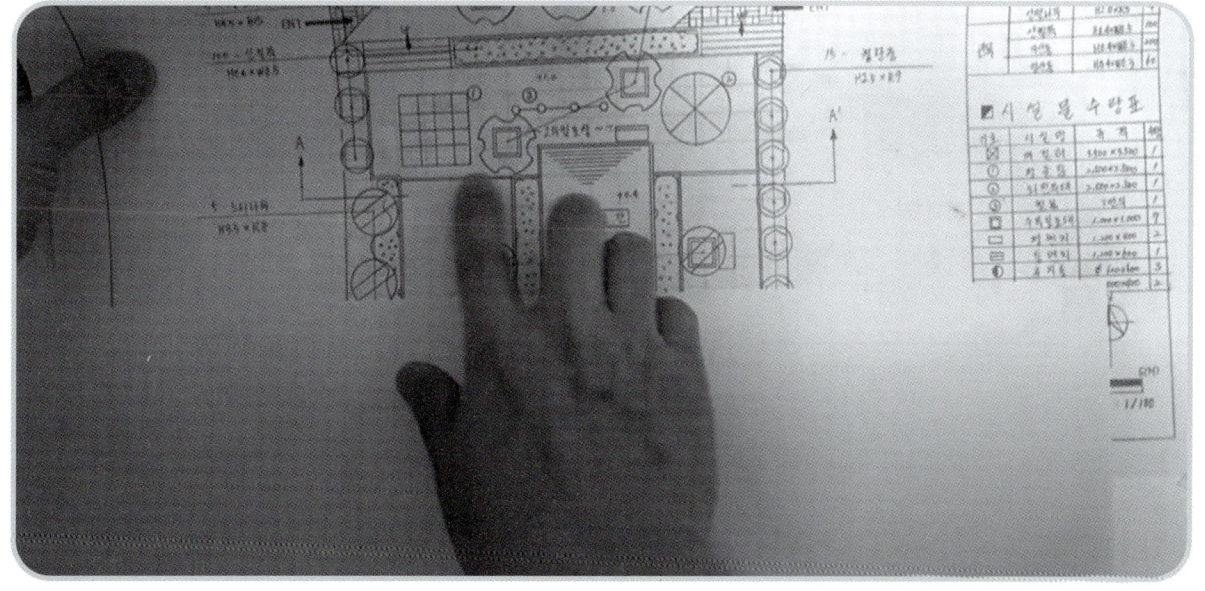

단면도 상 표현해야 할 가로의 중심이 단면도의 중심에 오도록 그리고 단면선이 통과하는 포장지역 및 시설물, 수목 등이 잘 파악되도록 단면도 상단 1cm 위에 보이도록 종이테이프로 두 군데 정도만 고정한다.

단면도는 고득점을 노리고 단면상세도까지 자세히 그리느냐, 아니면 어차피 작업형과 수목 감별을 포함 전체 60점만 넘으면 되니까, 시간을 많이 소요하게 되는 단면상세도는 생략하고 시간 내 완성하여 제출하는 데 중점을 둘 것인지에 따라 공간 배분을 달리 해야 한다.

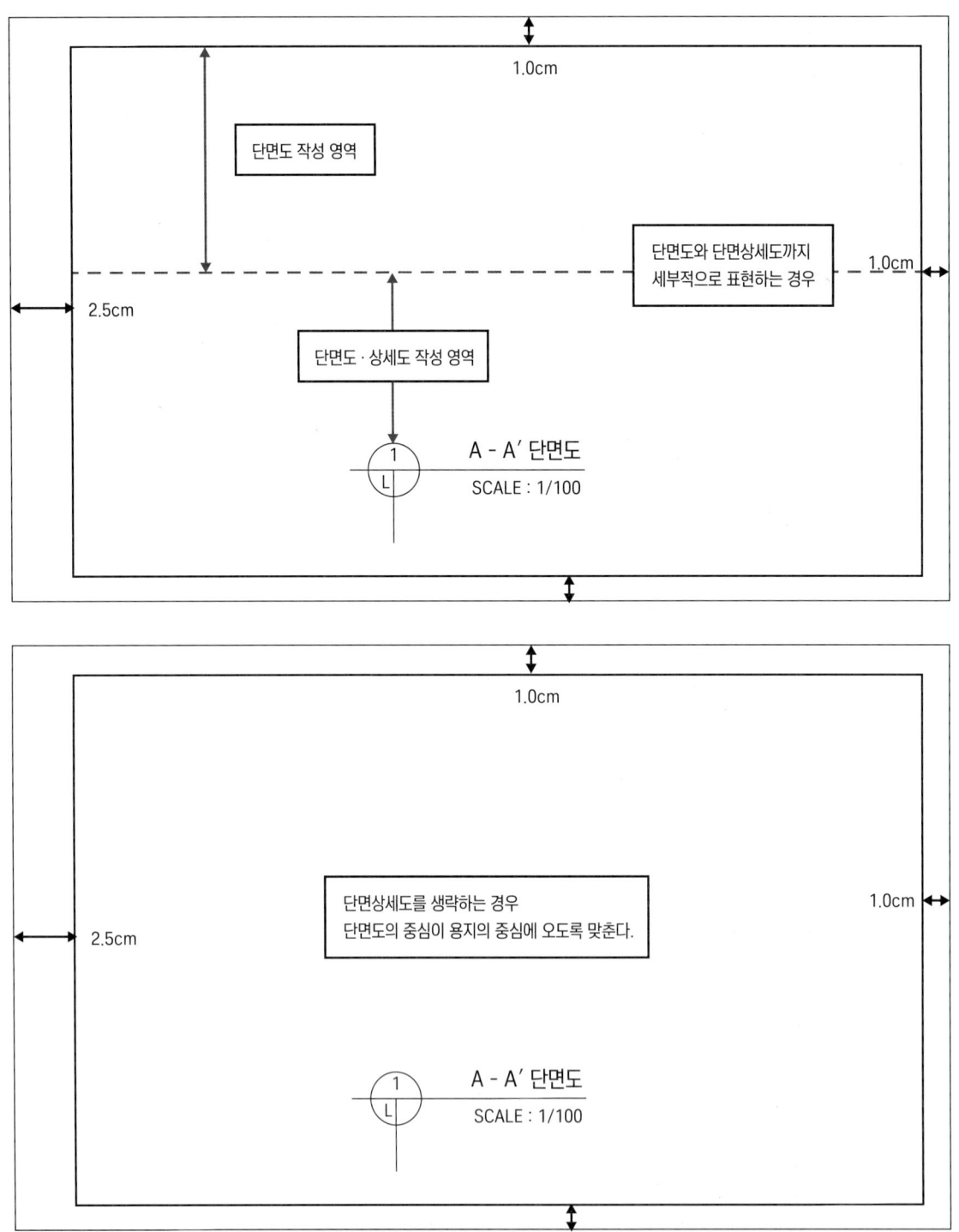

본 교재에서는 단면상세도까지 그리는 것으로 설명하겠다.

2) 단면도에 사용되는 기호

(1) 단면도 수목 표현
실제 수형과 수고, 수관폭 등을 고려하여 사실적으로 표현한다.

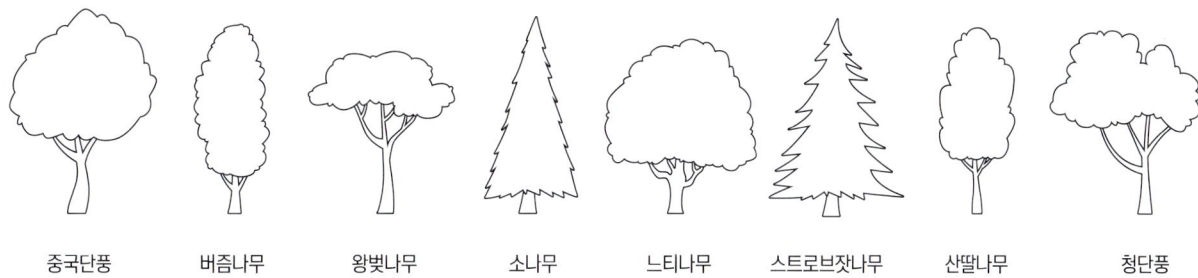

| 중국단풍 | 버즘나무 | 왕벚나무 | 소나무 | 느티나무 | 스트로브잣나무 | 산딸나무 | 청단풍 |

(2) 시설물 표현
실제 규격을 고려하여 표현한다.

| 정글짐 | 시소 | 퍼걸러와 평벤치 | 그네 | 회전무대 |

(3) 휴먼스케일(이용자) 표현
이용자의 키를 고려하여 다음 예시를 참고하여 그려준다.

3) 단면도 포장 표현

- 단면 표현은 첫째, 단면도 상에 1:100의 축척으로 축소해서 그리는 것과 둘째, 단면상세도를 1:10의 축척으로 별도로 그려서 나타내는 것 두 가지를 표현해 주어야 한다.
- 단면도 상에서의 표현은 10cm를 1mm로 표현해야 하므로 다소 세부적으로 표현하기 곤란한 측면이 있으나 만약에 단면상세도를 생략하는 경우라면 0.3mm 가는 굵기의 샤프를 이용하여 정확하고 뚜렷하게 그려주는 것이 좋다. (무늬만 표현해 주면 된다)
- 반면에 단면도 아래에 단면상세도를 그려 줄 경우에는 아래 그림들과 같이 치수보조선을 활용하여 각 포장의 두께와 명칭을 나타내주고 그 아래 포장명과 축척표시까지 포장마다 상세히 표현해 주어야 한다. 사실 단면도에서 가장 많이 연습하고 암기해야 할 요소가 포장 단면 상세도이므로 포장 표현과 두께는 여러 번 따로 그려보면서 연습할 필요가 있다.

영상 바로가기

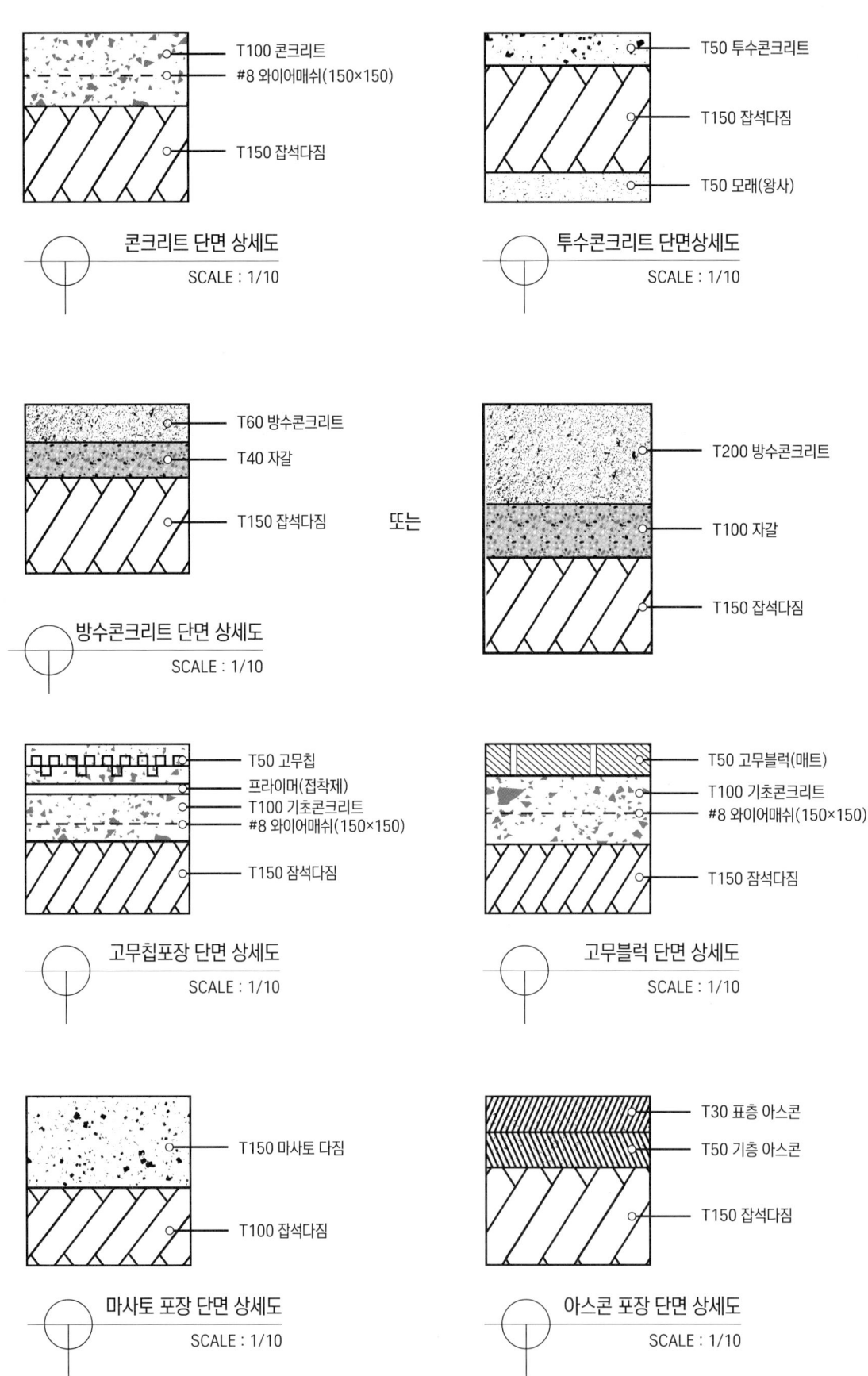

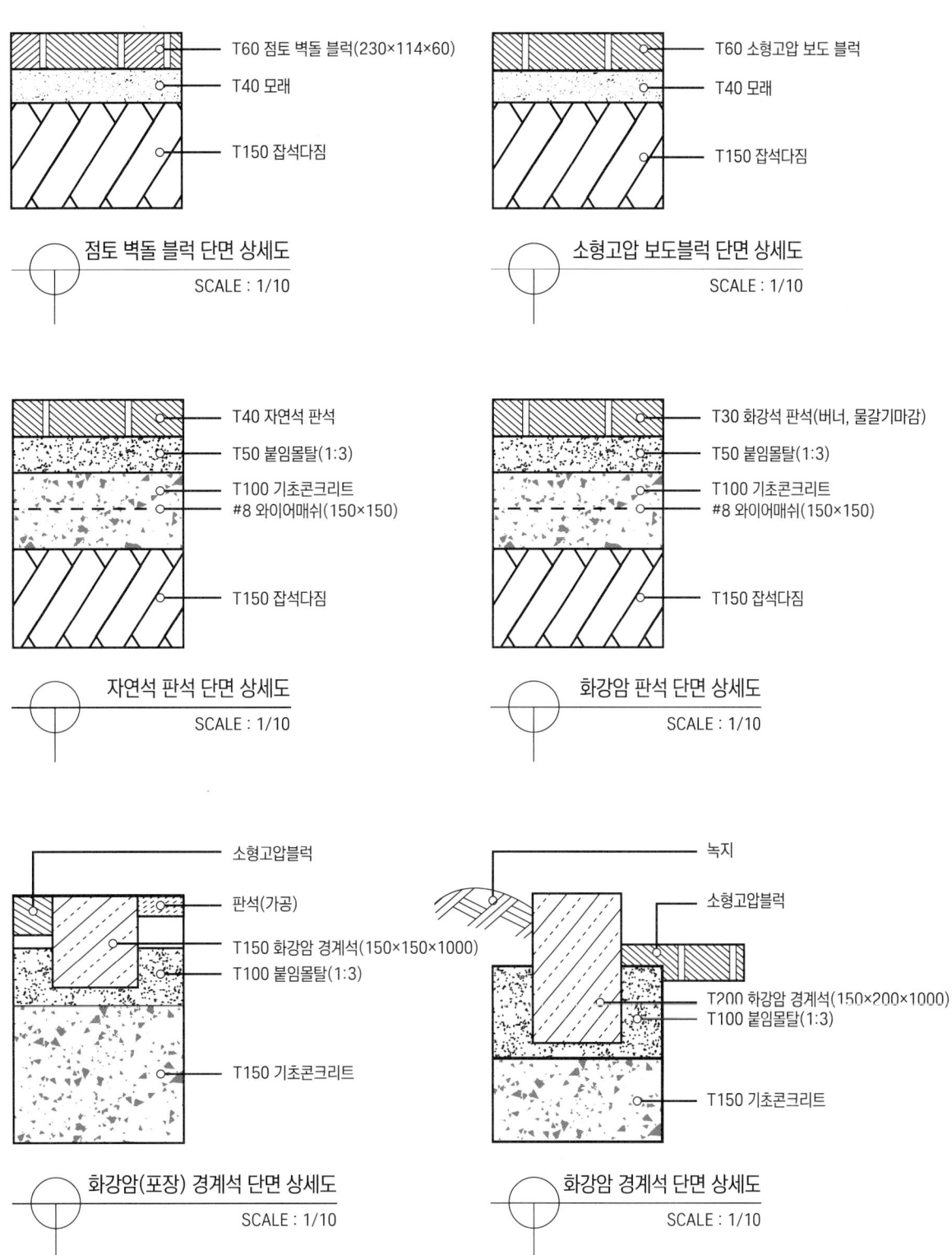

※단면상세의 세부 두께는 시공현장의 환경과 조건에 따라 변경될 수 있다.

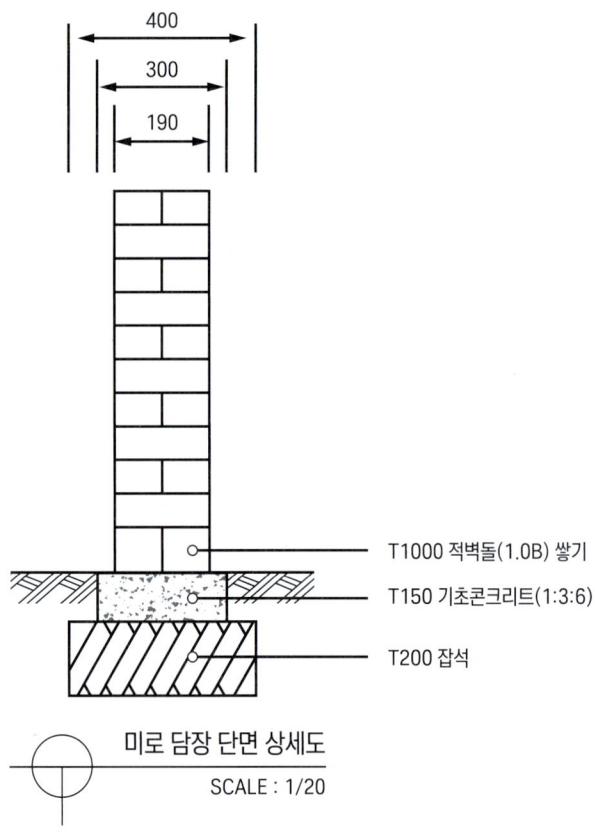

4) 마운딩과 등고선 표현

마운딩은 수목의 생육환경과 미관을 위해 필요한 곳에 흙을 쌓아 인공적으로 조성한 작은 언덕을 말한다. 마운딩의 형태와 높이는 등고선(점선)으로 표시하며, 등고선의 간격은 보통 문제에서 주어지므로 평면에서 단면으로 변환할 때 높이차 등에 그려준다.

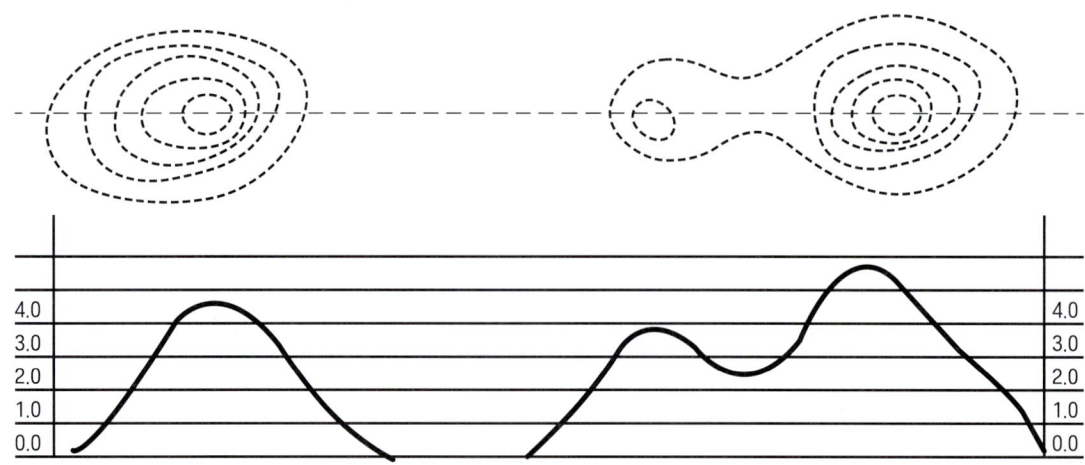

마운딩과 등고선 표현

5) 단면도의 작성 순서

(1) 도면 외곽선 그리기

단면도를 그릴 답안지를 제도판에 부착하고 나면, 평면도의 도면외곽선을 그릴 때와 마찬가지로 I자를 끝까지 내리고 0.9mm 샤프로 위쪽, 아래쪽, 오른쪽, 왼쪽 모두 1cm를 띄워서 도면용지의 외곽선을 그린다. 모서리가 정확히 교차하고 삐쳐나가지 않도록 주의한다.

영상 바로가기

(2) 단면도 기본 양식 작성

단면도는 일반적으로 지표면(G.L : Ground Level) 기준으로 지하 1m 지상 7m까지 표현해 준다. 미리 부착한 평면도의 단면선이 지나는 좌우 경계선에 삼각자를 이어대고 위쪽 도면 외곽선 아래로 3~5cm 정도를 띄운 지점부터 7cm를 내리긋고 바로 1cm 단위로 표시를 해준다. 좌우 마찬가지로 그려준 다음 가로로 1cm 간격으로 아주 가늘게 선을 이어주고 양옆에 해당 높이와 G.L을 표현해 준다.

(3) 각 공간의 포장 표현

그런 다음, 다시 삼각자를 평면도 단면선과 수직으로 맞추고 각 포장 공간을 구분한 다음 공간의 명칭을 적어주고 동시에, 이와 단면도의 지표면 부근의 포장 표현도 차례대로 해 나간다. 이때 계단이나 식수대(Plant Box) 등으로 포장의 높이에 변화가 있는지 반드시 주의해야 한다.

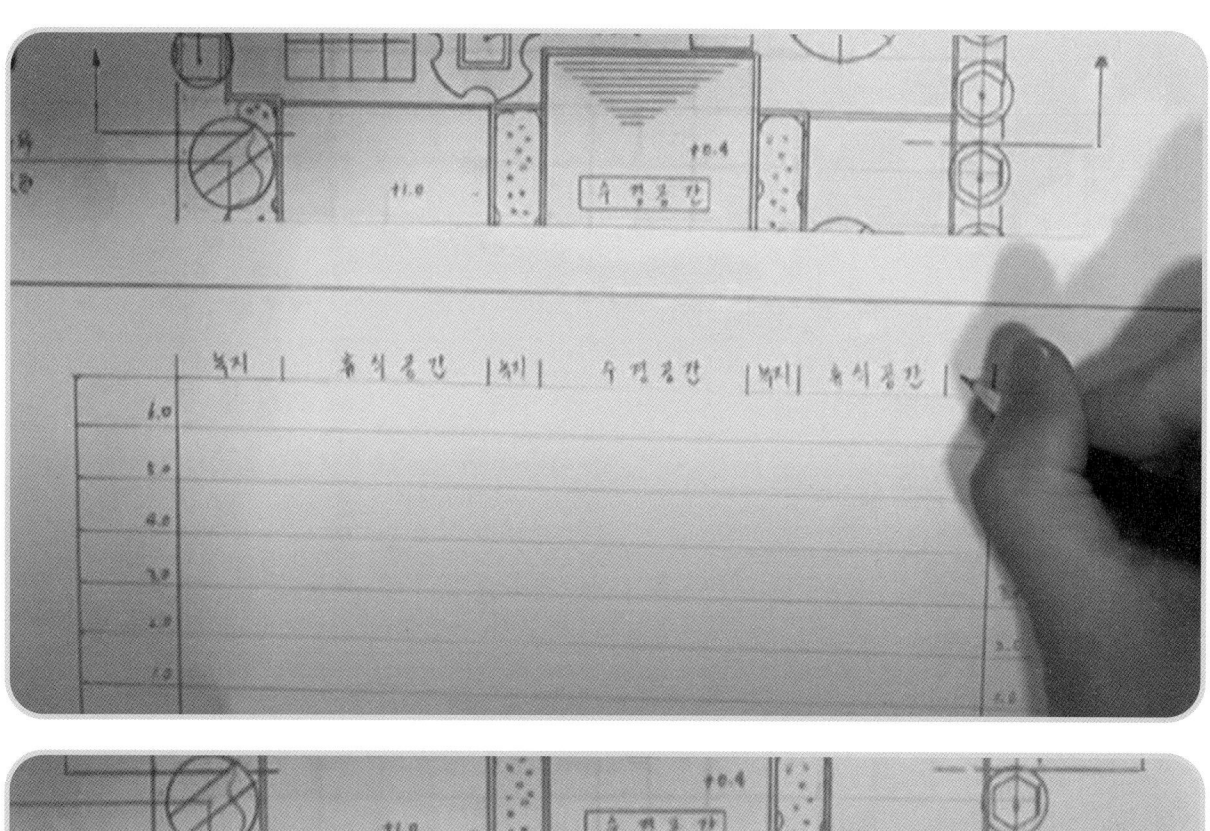

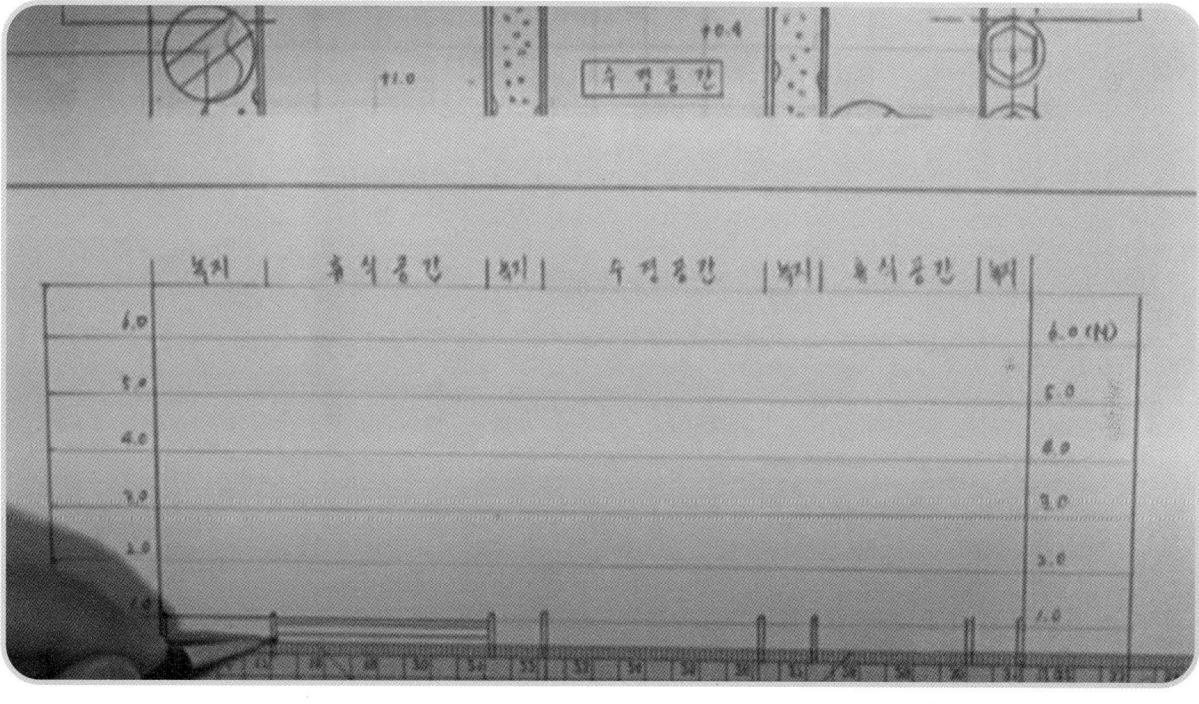

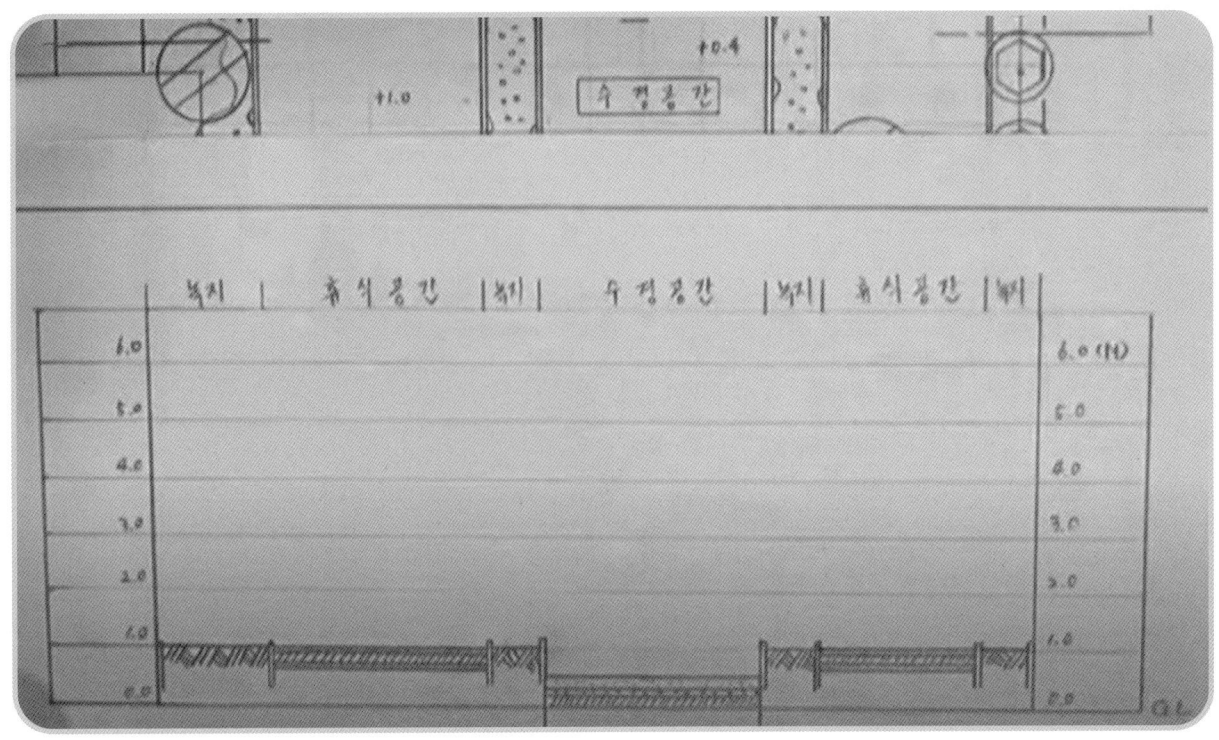

(4) 지상 표현 : 수목과 시설물 표현
① 포장 표현이 끝나면, 단면선 상에 걸쳐있는 지상부의 수목과 시설물들을 단면도 상에 표현해 준다.

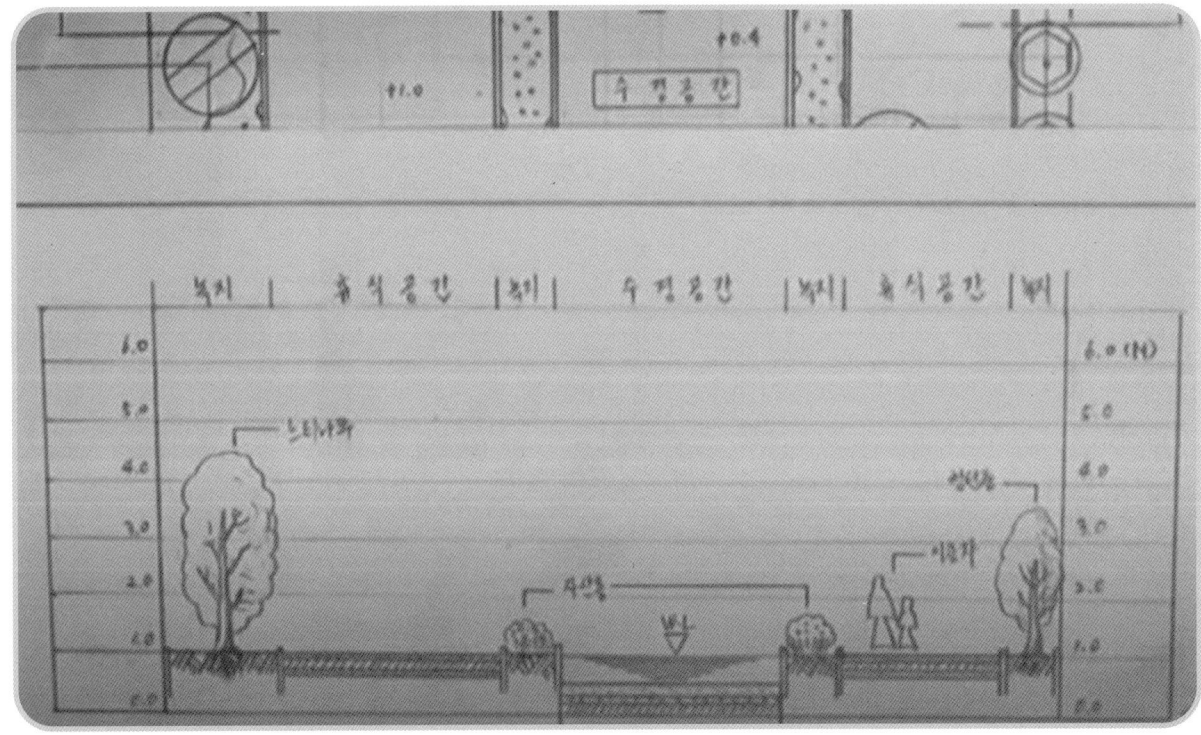

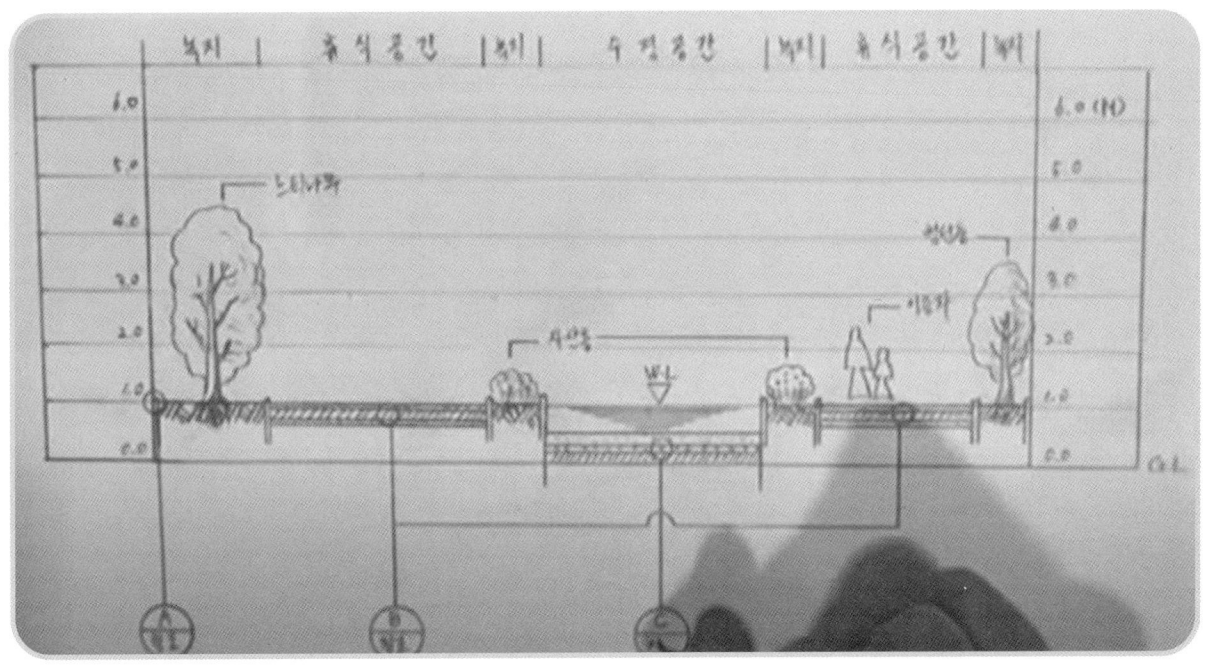

② 수목의 경우 평면도 상 해당 수목의 수종, 수고와 수관폭에 유의하여 표현한다. 시설물도 규격을 고려하여 옆에서 본 외관을 표현해 준다. (반드시 그림을 그린 다음 수목명과 시설물 명을 빠뜨리지 않고 표시하도록 한다)

(5) 단면 상세도 표현

각 포장 단면의 종류만큼 적절한 공간 배분으로 보조선을 내려 A, B, C, D의 기호를 붙여주고, 그 아래쪽으로 열을 맞추어 깔끔하게 하나하나씩 단면 상세도를 표현해준다.

☑ TIP : 단면 상세도의 내용은 이미 머릿속에 완벽히 규격과 표현법을 숙지하고 있어야 하며, 표현법이 제대로 공부가 되지 않은 상태로는 비록 감점 받더라도 단면 상세도 그리기는 시작하지 않고 간단히 인출하여 명칭과 두께 표현만 해주는 것도 시간 초과로 탈락하는 것을 방지하는 요령이다.

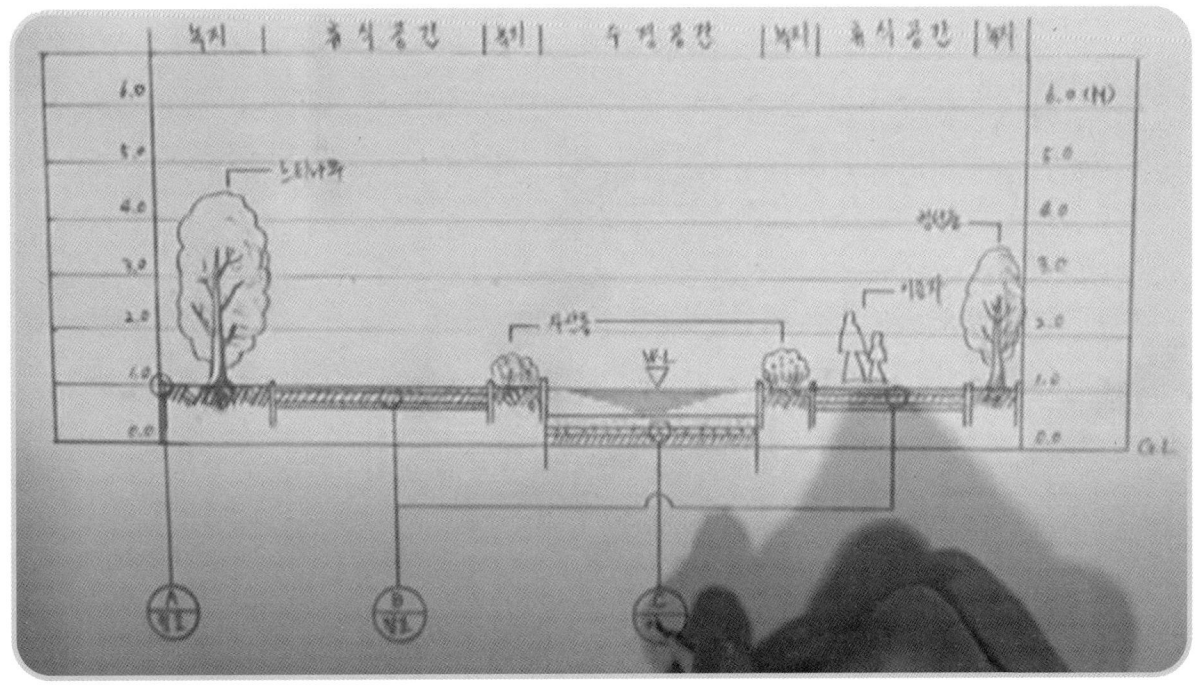

(6) 축척과 제목 작성

마지막으로 단면도는 측면에서 본 모습이므로 방위는 나타내지 않으며 축척과 "단면도"라는 표시를 해준다.

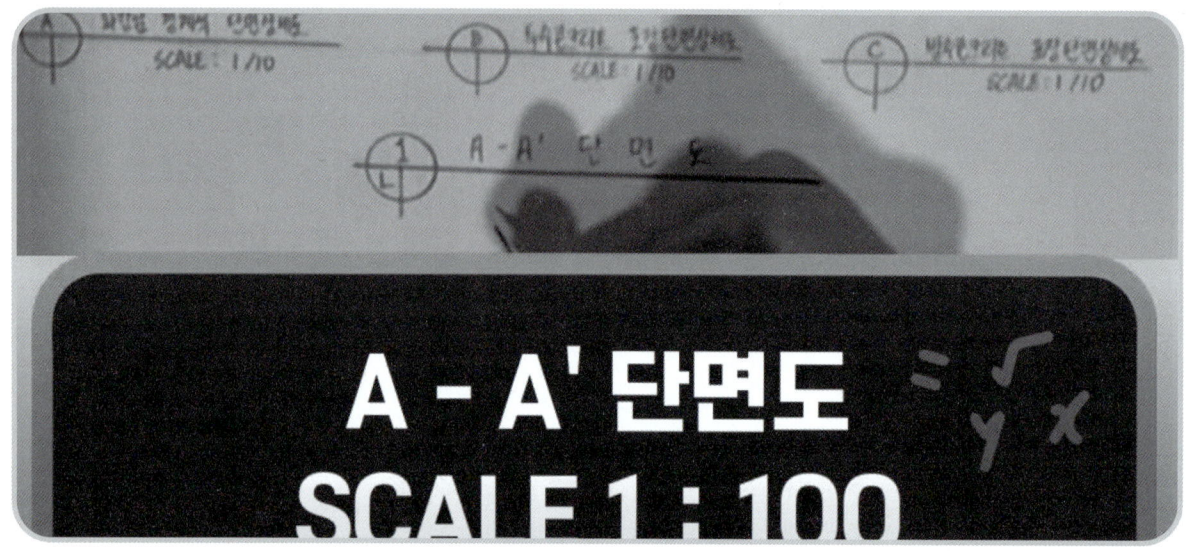

(7) 최종 점검

최종 점검 포인트들을 숙지하여 빠르게 하나씩 체크 후 추가하거나 수정하도록 한다!

① 평면도

ㄱ. 표제란에 빠뜨린 빈칸은 없는가?

ㄴ. 각 공간의 높이표시를 빠뜨린 곳은 없는가?

ㄷ. 각 지역에 포장 명칭과 표현은 해주었는가?

ㄹ. 수목과 시설물의 종류와 개수 체크, 빠뜨린 것은 없는가?

ㅁ. 수목 인출선과 규격 표시 빠뜨린 곳은 없는가?

ㅂ. 도면 외곽선은 굵게 하였는가? 도면 경계선은 모두 두 줄로 하였는가?

ㅅ. 방안을 너무 진하게 그렸다면 다른 요소에 영향을 주지 않는 선에서 지우개로 지워낼 수 있는 부분은 지우도록 한다.

② 단면도

ㄱ. 각 공간의 높이를 잘못 파악하지는 않았는지 확인한다.

ㄴ. G.L / W.L (M) 등 기호를 빠뜨리지 않았는가?

ㄷ. 포장단면의 표현이 정확하게 되었는가?

ㄹ. 단면선에 걸리는 수목과 시설물들은 모두 적절히 표현되었는가?

☑ TIP : 단면선에 조금이라도 걸쳐있다면 전체를 표현해야 한다.

ㅁ. 이용자 표현을 빠뜨리지 않았는가?

(8) 답안지 제출

더 이상 수정사항이 없다면 시험지에 수험번호와 성명을 올바르게 기재했는지 다시 한번 확인한 다음 자리에서 일어나 감독관에게 답안지를 제출하고 퇴실한다.

실전 기출 문제

배점 50

1. (북) 주차장 / 퍼걸러 (남) 연못과 놀이터

우리나라 중부 지역에 위치한 도로변의 빈 공간에 대한 조경설계를 하시오. 아래에 주어진 현황도와 설계조건을 참조하여 조경계획도를 작성하시오. (단, 2점 쇄선 안 부분이 조경설계 대상지이다)

(1) 현황도

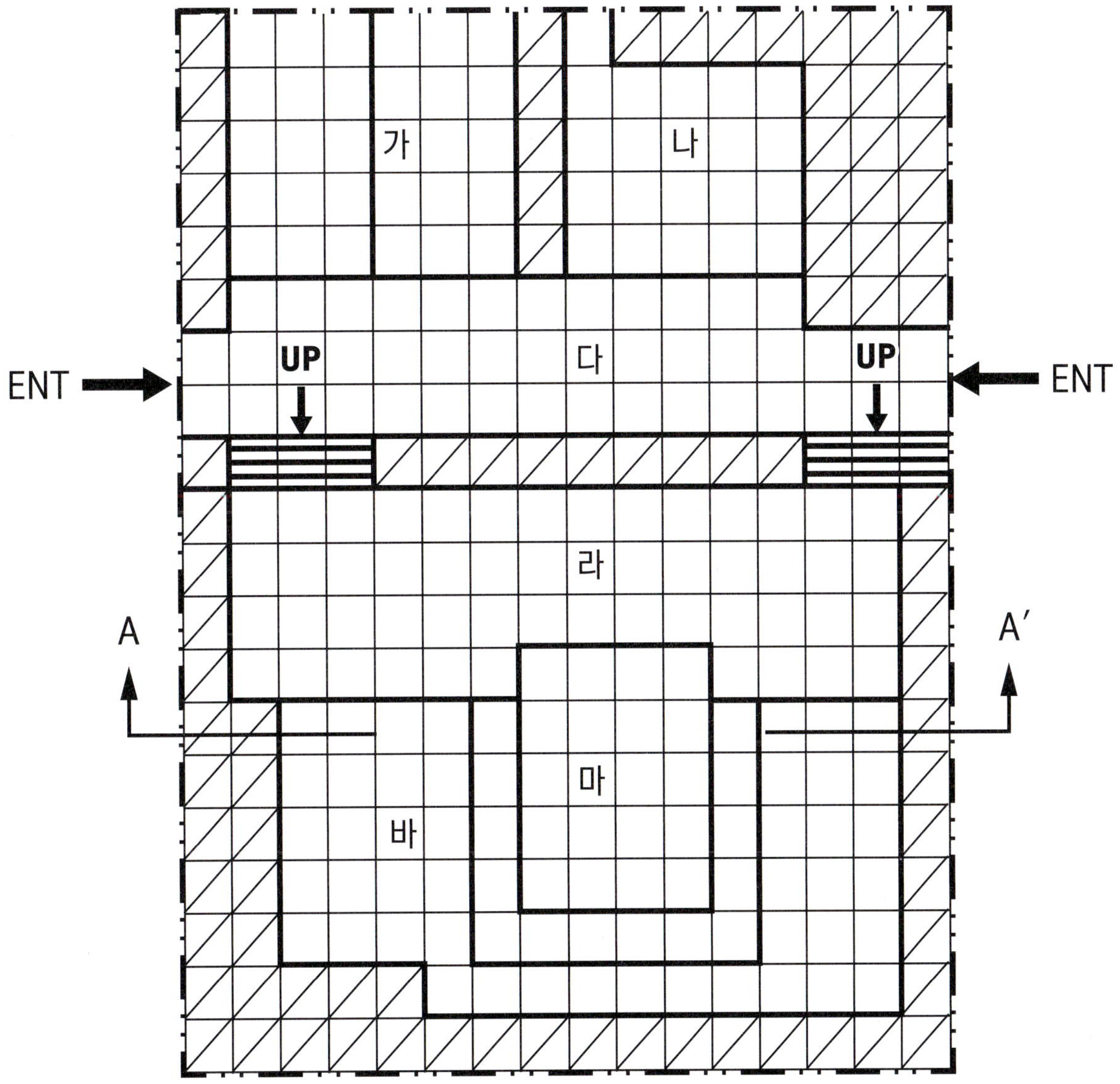

(2) 요구사항

① 식재 평면도를 위주로 한 조경계획도를 축척 1/100로 작성하시오.

② 작업 명칭은 "도로변 소공원"으로 할 것

③ 도면 오른쪽에는 수목수량표와 시설물 수량표를 작성하되 규격과 단위, 수량을 반드시 표시하시오.

④ A-A' 단면도를 축척 1/100로 작성할 것

⑤ 막대축척과 방위표시를 반드시 표기할 것

⑥ 도면의 전체적인 안정감을 위해 테두리 선을 그리시오.

(3) 설계조건

① 해당 지역은 도심에 위치한 빈 공간을 활용한 휴게공간으로 아래 사항을 참조하여 조경계획도를 작성하시오.

② "가" 지역은 주차 공간으로 소형자동차 2대를 주차할 수 있도록 계획하고 볼라드를 설치하시오.

③ "나" 지역은 휴게공간으로 퍼걸러 1개소와 휴지통을 설치하시오.

④ "다" 지역은 이동 공간으로 수목보호대 3개를 설치하고 계절감을 느낄 수 있는 수종으로 식재하시오.

⑤ '라' 지역은 어린이 놀이 공간으로 놀이시설 3종(철봉, 정글짐, 회전무대)과 수목보호대 2개, 등벤치 1개를 설치하시오.

⑥ "다" 지역과 "라" 지역은 1m의 높이 차이가 있으며 계단을 설치하여 이동할 수 있도록 계획하고, "바" 공간에는 수목보호대 2개, 평벤치 2개, 휴지통 2개를 설치하시오.

⑦ "마" 지역은 수경공간으로 60cm 깊이로 조성하고 주변부를 투수콘크리트로 포장하시오.

⑧ 각 지역의 포장은 콘크리트, 마사토, 고무칩, 콘크리트, 투수콘크리트, 소형고압블럭, 점토벽돌, 화강석 판석 등을 사용하여 적용하며 반드시 기호와 명칭을 표시하시오.

⑨ 대상지 내 유도식재, 녹음식재, 유도식재, 경관식재(소나무 군식) 등의 식재패턴을 필요한 곳에 배식하시오.

⑩ 수목은 종류가 다른 10가지를 선정하여 식재를 계획하고 인출선을 사용하여 수목명과 규격, 수량을 반드시 표기하시오.

⑪ A-A' 단면도에는 경계석, 포장재료, 수목, 시설물, 이용자, 높이 차 등을 반드시 표시하시오.

> **소나무**(H4.0×W2.0), **소나무**(H3.0×W1.5), **소나무**(H2.5×W1.2), **스트로브잣나무**(H2.5×W1.2),
> **스트로브잣나무**(H2.0×W1.0), **왕벚나무**(H4.5×B15), **버즘나무**(H3.5×B8), **산사나무**(H2.5×R6),
> **느티나무**(H3.0×R8), **청단풍**(H2.5×R9), **중국단풍**(H2.5×R5), **자귀나무**(H2.5×R6),
> **산딸나무**(H2.0×R5), **회양목**(H0.3×W0.3), **산수유**(H2.5×R7), **꽃사과**(H2.5×R5),
> **수수꽃다리**(H1.5×W0.6), **병꽃나무**(H1.0×W0.4), **쥐똥나무**(H1.0×W0.3), **명자나무**(H0.6×W0.4),
> **산철쭉**(H0.4×W0.5), **명자나무**(H0.6×W0.4), **자산홍**(H0.4×W0.3), **영산홍**(H0.4×W0.3),
> **황매화**(H1.0×W0.4), **조릿대**(H0.6×7가지), **맥문동**(H0.2×5포기)

(4) 예시답안(평면도)

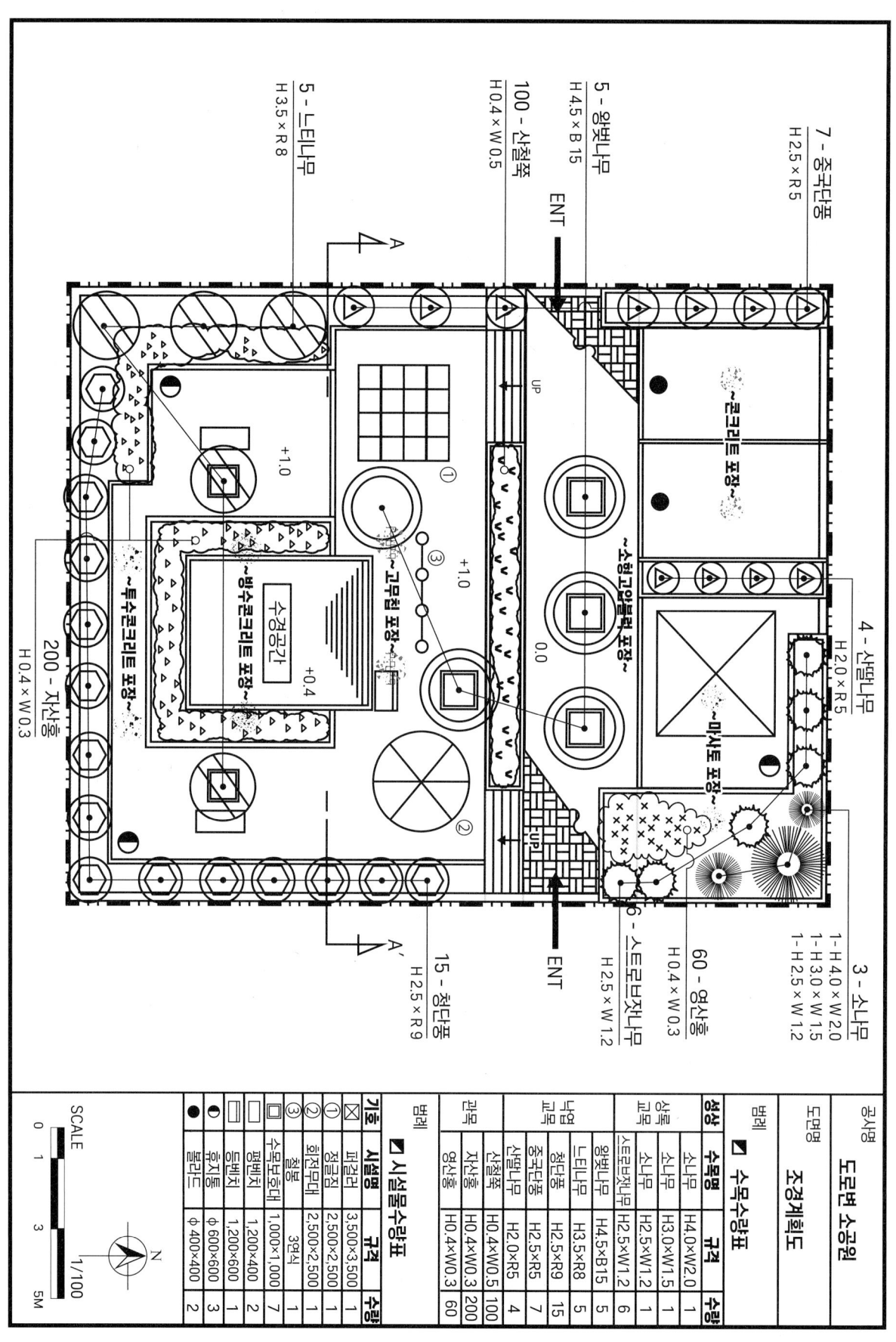

(5) 예시답안(단면도)

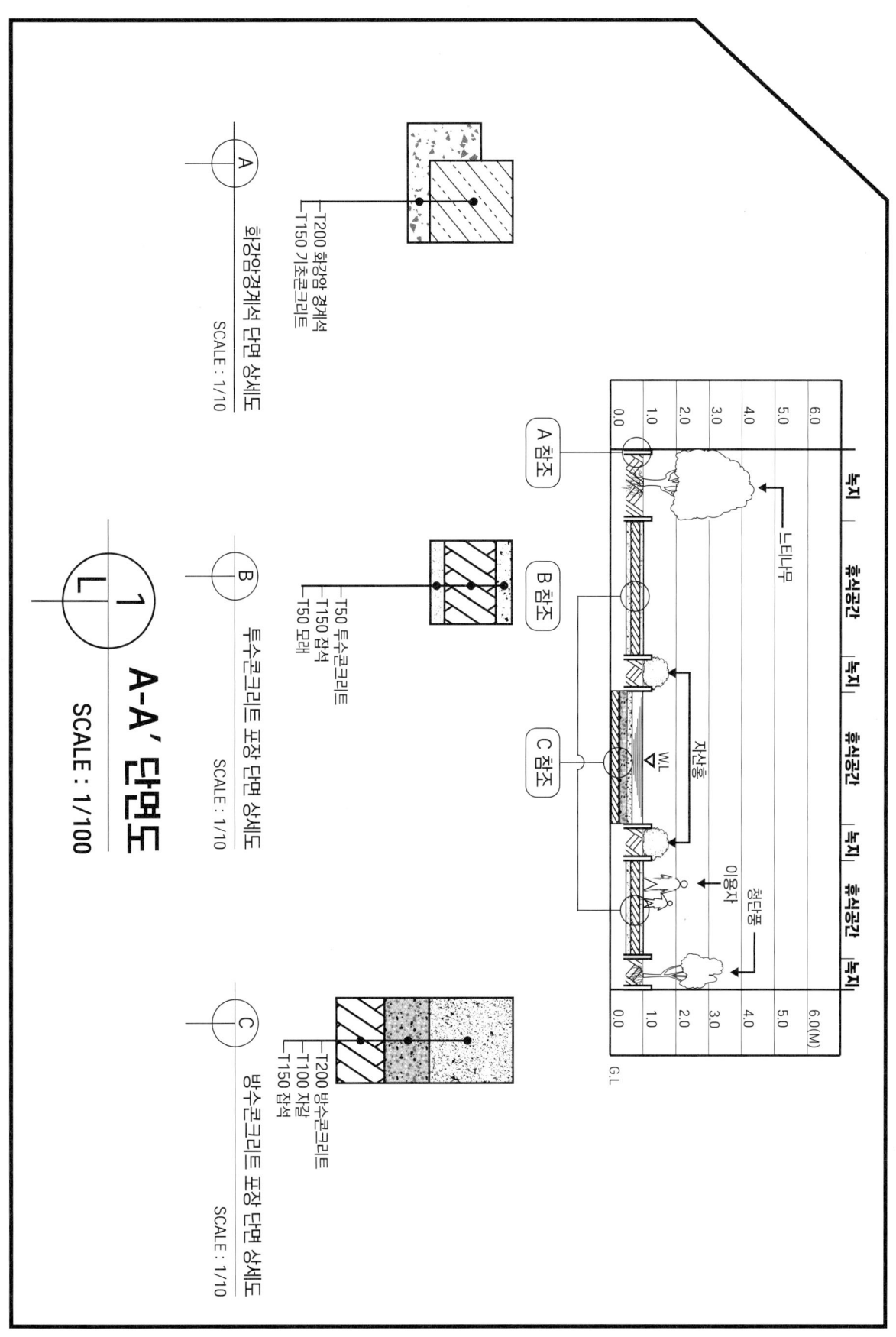

(6) 예시답안(실전 조경계획도)

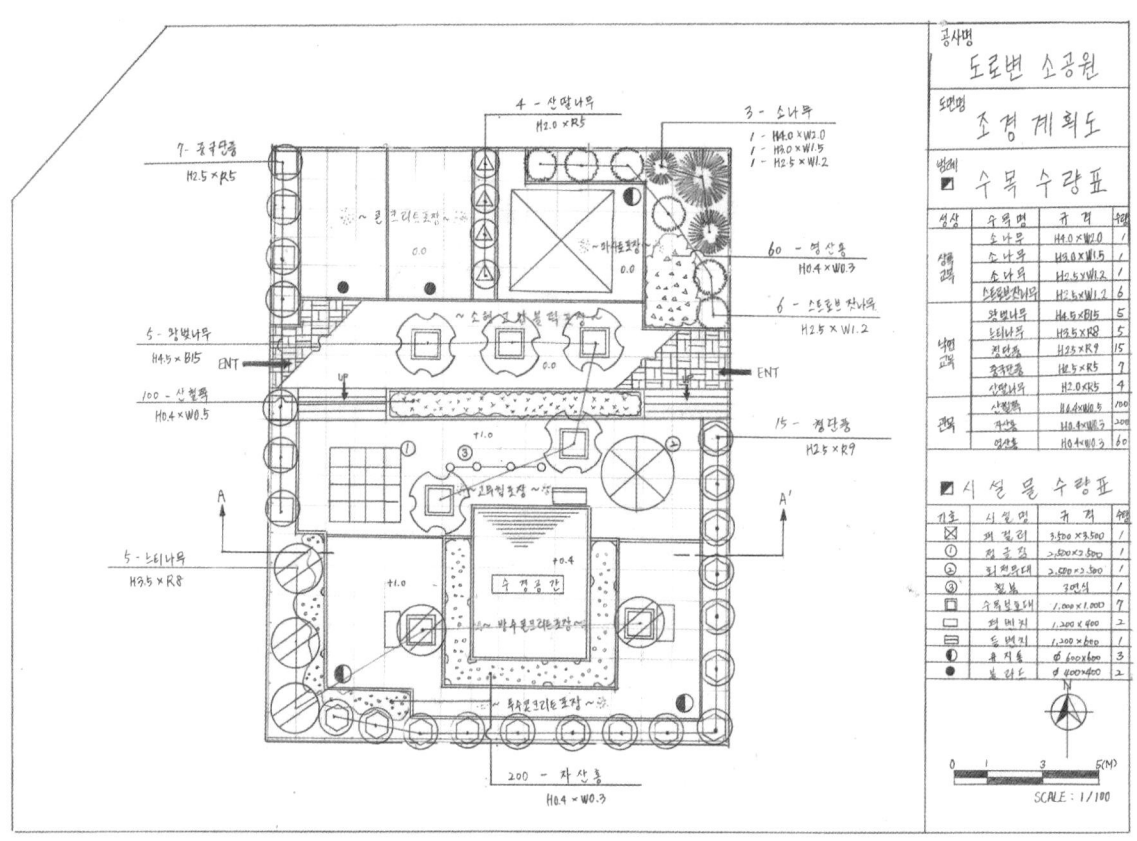

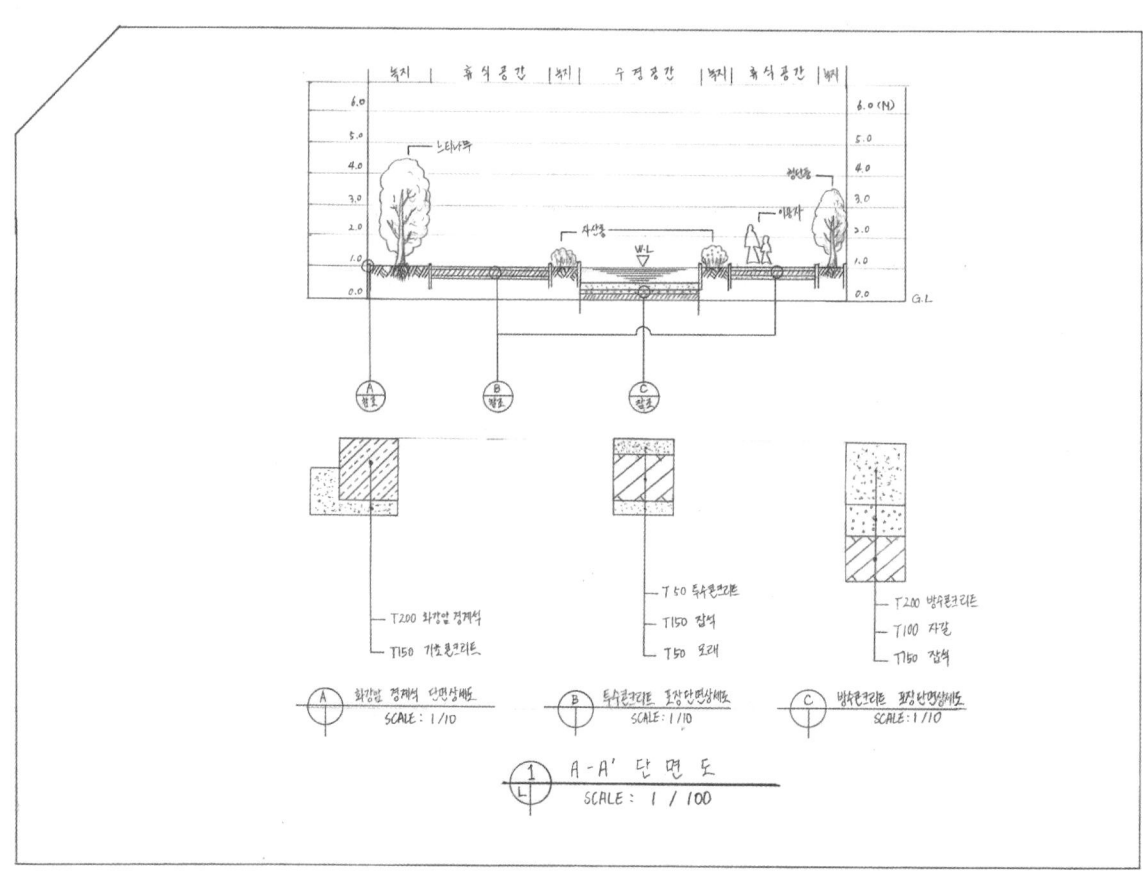

2. 벽천 / 놀이시설 / 주차장 있는 도로변 소공원

우리나라 중부지역에 위치한 도로변 빈 공간에 대한 조경설계를 하고자 한다. 아래에 주어진 현황도와 요구사항, 설계조건을 참조하여 조경계획도를 작성하시오. (단, 2점 쇄선 안 부분이 조경설계 대상지이다)

(1) 현황도

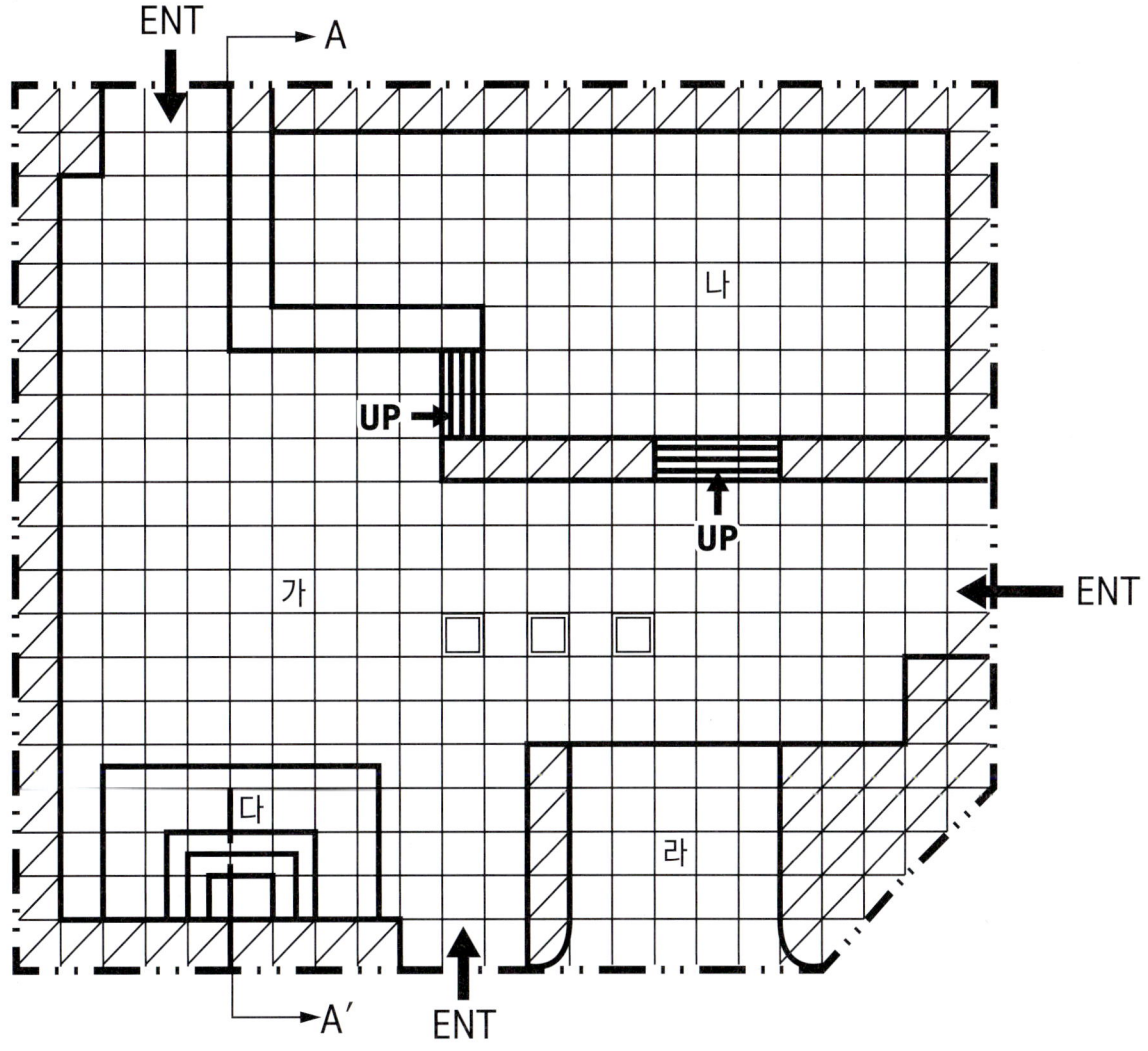

(2) 요구사항

① 식재평면도를 위주로 한 조경계획도를 축척 1/100로 작성하시오.

② A-A' 단면도를 축척 1/100로 작성하시오.

③ 반드시 방위표시와 막대축척을 표시할 것

(3) 설계조건

① 해당 지역은 도심 휴게공간으로 휴식 공간과 어린이들이 즐길 수 있는 특성을 고려하여 조경계획도를 작성하도록 한다. 포장 지역을 제외한 곳에는 가능한 식재를 계획할 것 (녹지공간은 대각선 친 부분)

② 포장 지역은 "콘크리트, 고무칩, 마사토, 모래, 소형고압블럭, 투수콘 포장" 등을 적당한 위치에 선택하여 표시하고 포장명을 기입하시오.

③ "가" 지역은 이동공간 및 광장으로 퍼걸러 1개소와 등벤치 5개소, 수목보호대 5개소를 계획하시오.

④ "나" 지역은 주변보다 1m 높은 지역으로 어린이를 위한 놀이공으로 3연식 그네를 포함한 놀이시설 3종을 설치하시오.

⑤ "다" 지역은 깊이 60cm의 수경공간으로 계단식 벽천을 단 높이 0.3m, 단 너비 0.5m 전체높이 1.2m로 설치하시오.

⑥ "라" 지역은 주차 공간으로 소형자동차 2대가 주차할 수 있도록 계획하고 설계하시오.

⑦ 필요한 공간에 수목보호대를 계획하고, 차폐식재, 유도식재, 경관식재(소나무군식), 녹음식재 패턴을 필요한 곳에 적당히 배식하여 조형을 계획하고 설계하시오.

⑧ A-A' 단면도 상에 반드시 포장재료와 경계선, 주요 수목과 시설물, 이용자를 표시하시오.

⑨ 수목은 아래의 수종 중에서 12가지를 선정하여 골고루 안정적이고 아늑한 경관이 될 수 있도록 계획하고 설계하시오.

소나무(H4.0×W2.0), 소나무(H3.0×W1.5), 소나무(H2.5×W1.2), 스트로브잣나무(H2.5×W1.2), 스트로브잣나무(H2.0×W1.0), 왕벚나무(H4.5×B15), 버즘나무(H3.5×B8), 산사나무(H2.5×R6), 느티나무(H3.0×R6), 청단풍(H2.5×R8), 중국단풍(H2.5×R5), 자귀나무(H2.5×R6), 산딸나무(H2.0×R5), 산수유(H2.5×R7), 꽃사과(H2.5×R5), 수수꽃다리(H1.5×W0.6), 병꽃나무(H1.0×W0.4), 쥐똥나무(H1.0×W0.3), 명자나무(H0.6×W0.4), 산철쭉(H0.3×W0.4), 자산홍(H0.3×W0.3), 영산홍(H0.4×W0.3), 황매화(H1.0×W0.4), 조릿대(H0.6×7가지), 맥문동(H0.2×5포기)

(4) 예시답안(평면도)

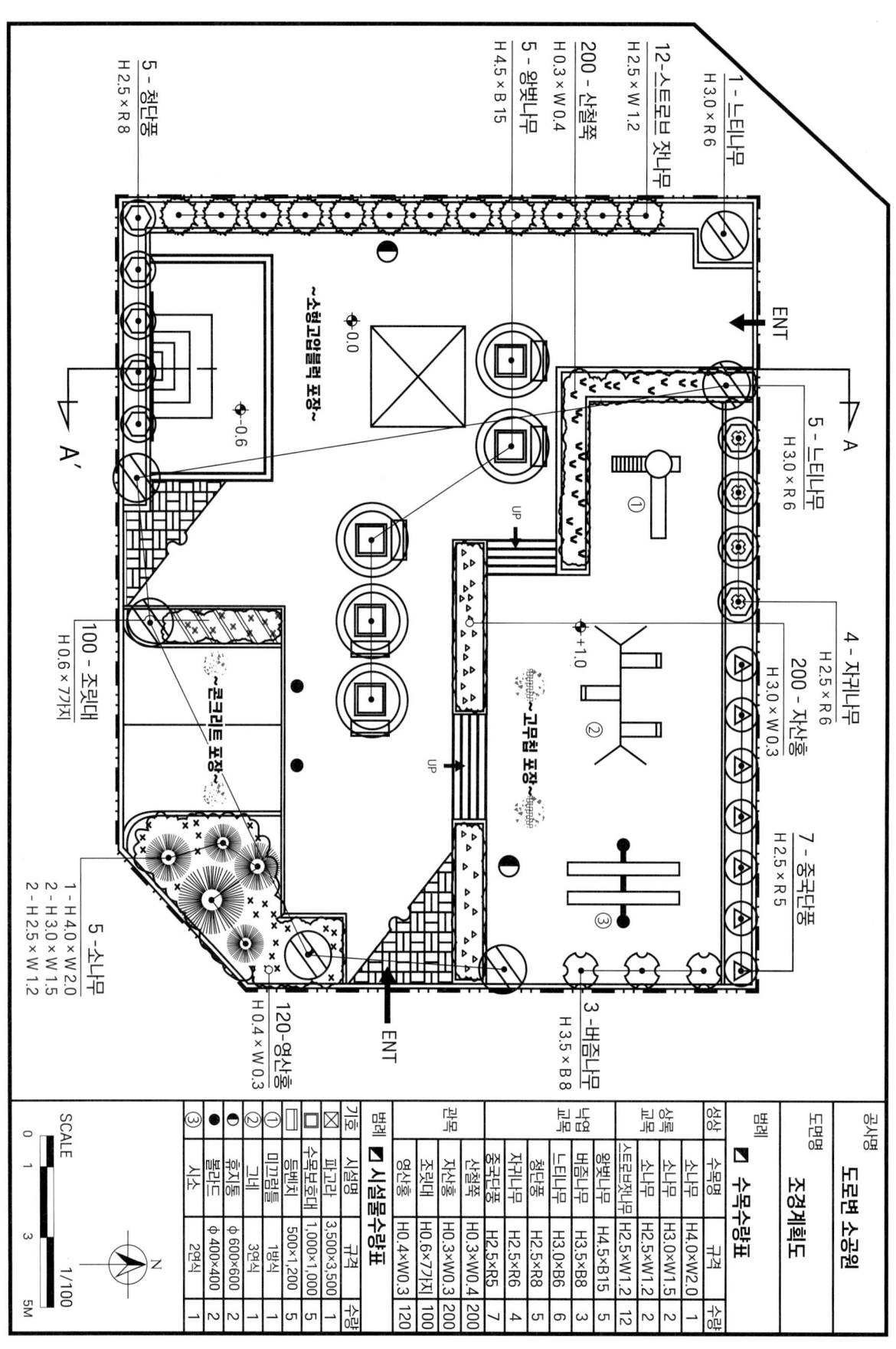

(5) 예시답안(단면도)

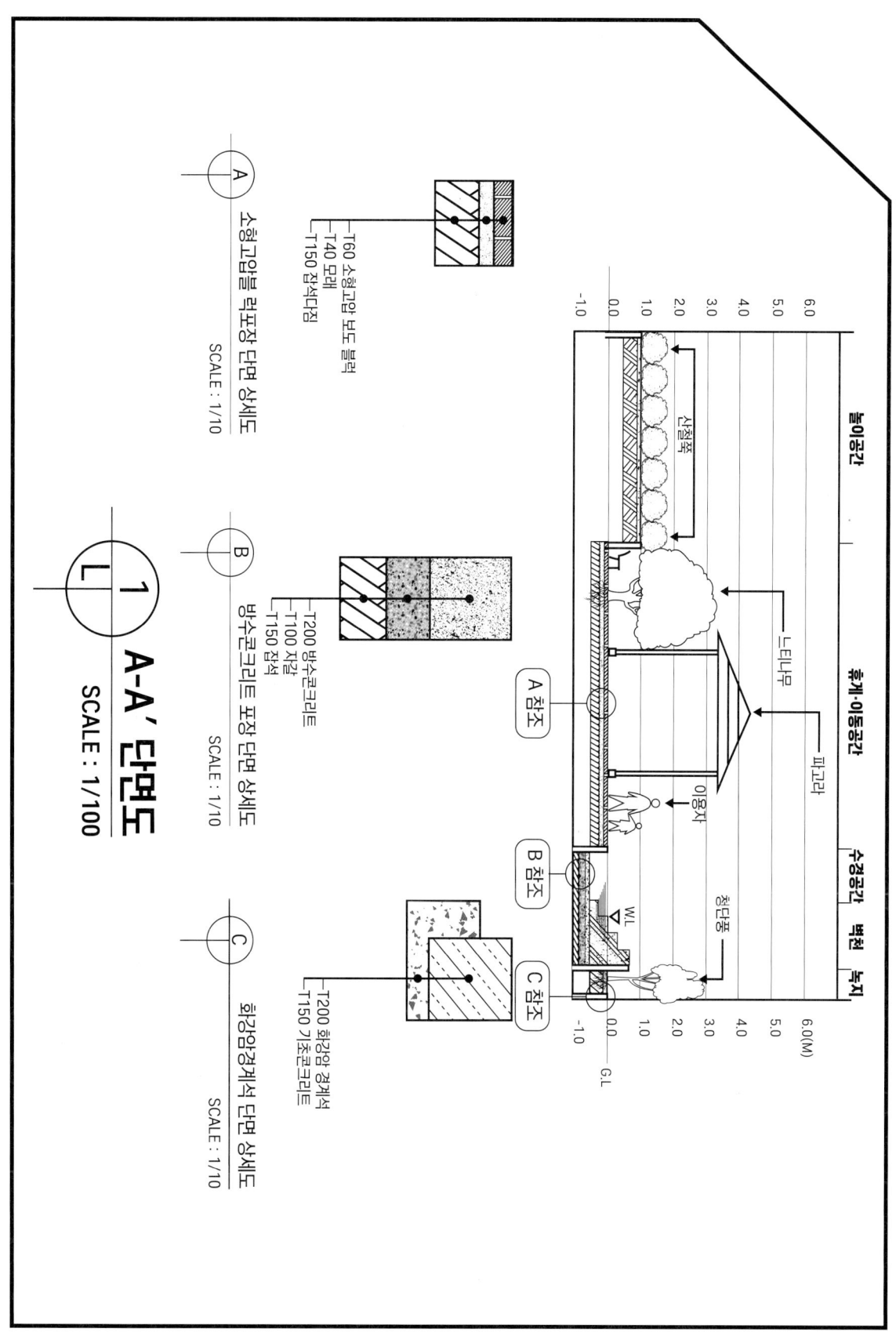

(6) 예시답안(실전 조경계획도)

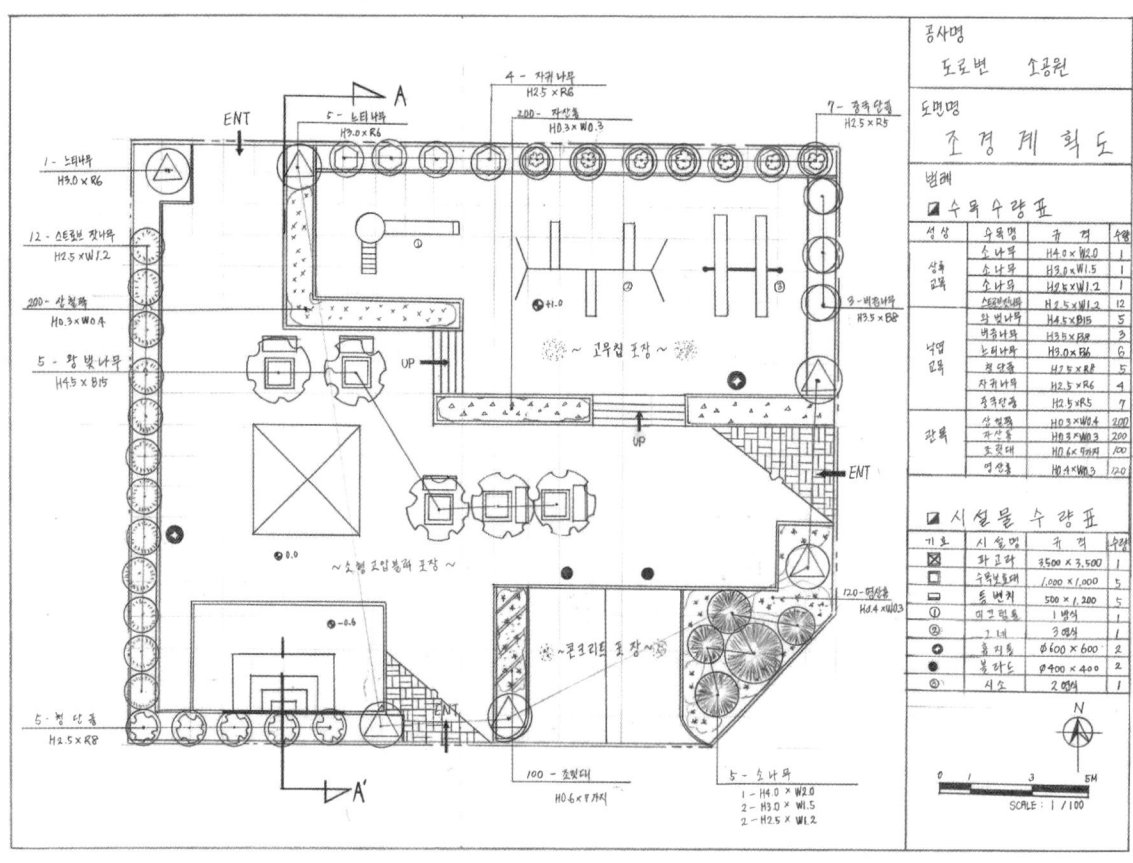

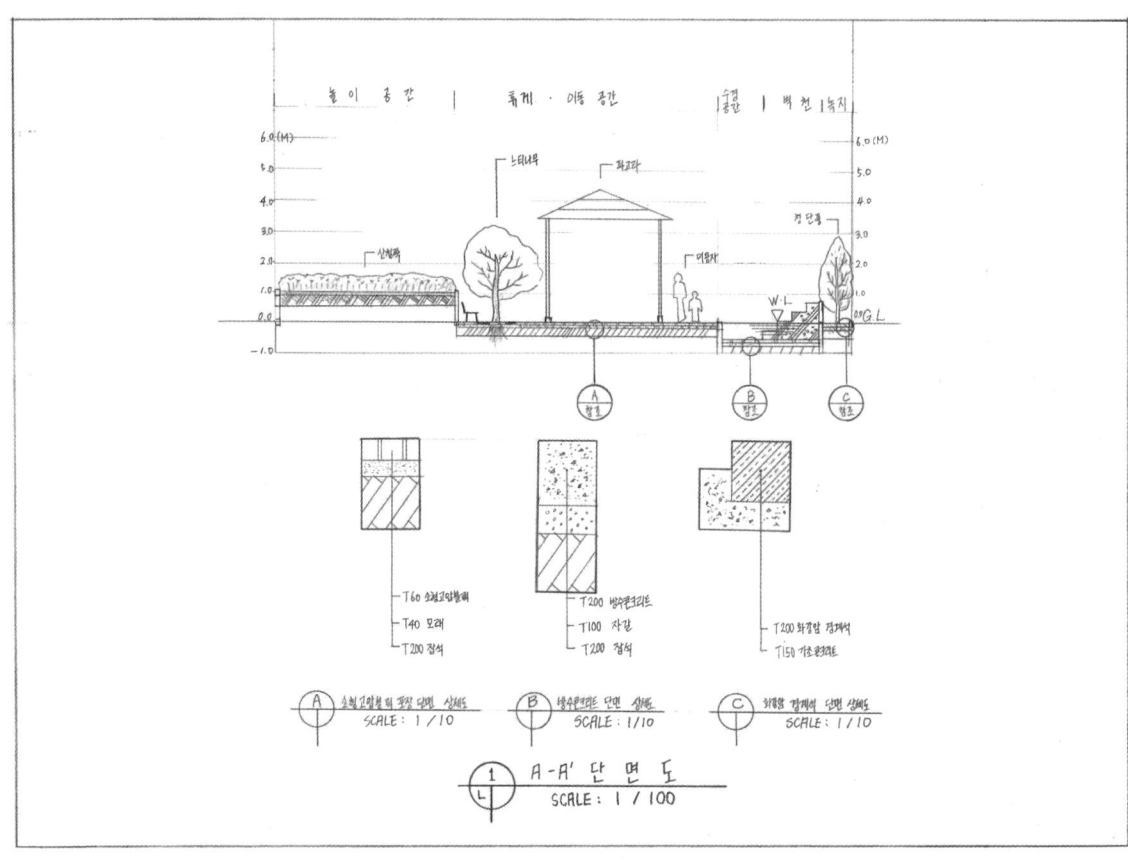

3. 옥상정원

우리나라 중부지역에 위치한 건물의 옥상 조경을 설계하고자 한다.

영상 바로가기

(1) 현황도

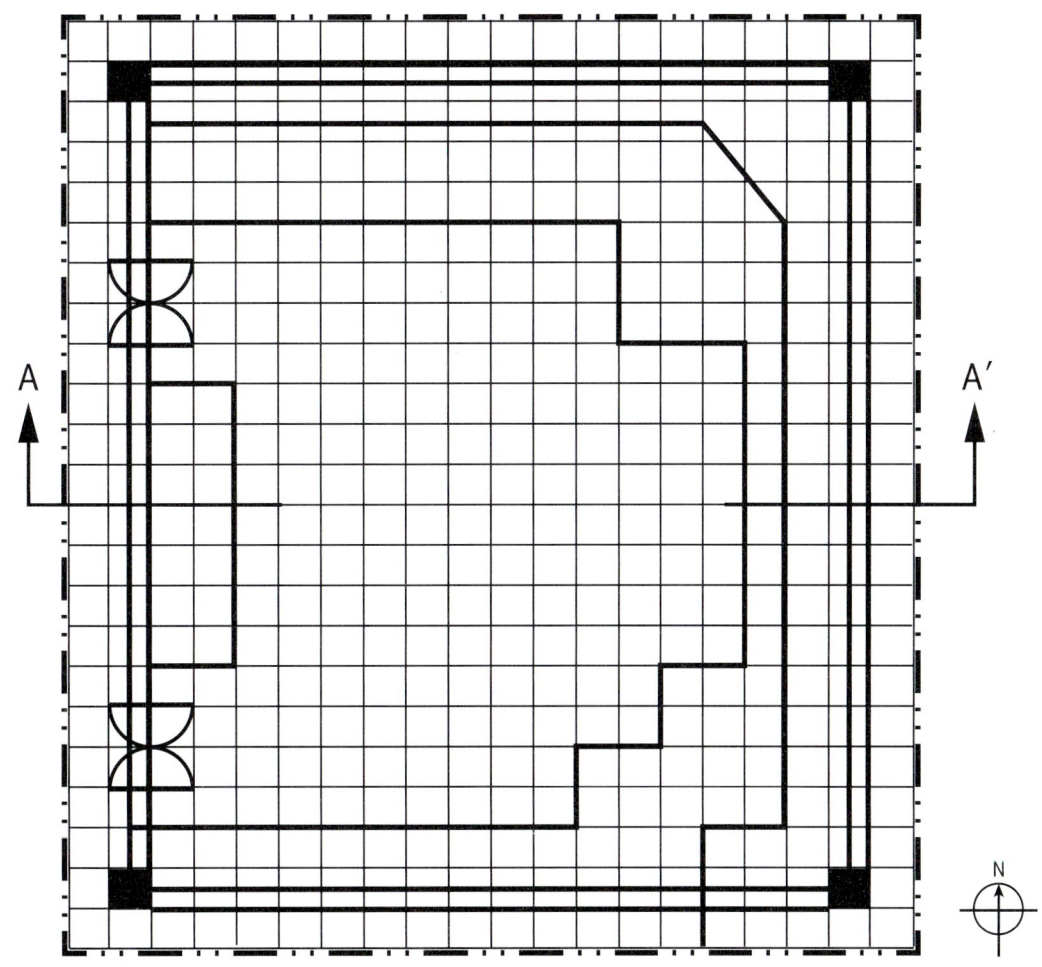

(2) 요구사항

① 식재 평면도를 위주로 한 조경계획도를 축척 1/100로 작성하시오.

② 작업 명칭은 "옥상정원 조경설계"로 할 것

③ 도면 오른쪽에는 수목수량표와 시설물 수량표를 작성하되 수목명과 수목의 성상, 규격과 단위, 수량을 반드시 표시하시오.

④ A-A' 단면도를 축척 1/100로 작성할 것

⑤ 반드시 방위표시와 막대축척을 표시할 것

(3) 설계조건

① 바닥포장은 소형고압블럭, 마사토, 콘크리트, 고무칩, 투수콘크리트, 점토블럭, 고무블럭 등 적당한 재료를 선택하여, 기호로 표현하고 포장명을 반드시 표기하시오.

② 옥상정원의 포장 공간에는 쉘터 1개소와 등의자 2개를 설치하고, 쉘터 내부에 평의자(3개 이상)를 설치하시오.

③ 식재는 2단의 플랜터로 구성하여 실시할 것, 단 2개의 플랜터는 서로 높이를 다르게 하고, 서쪽 플랜터에는 관목만을 식재하고, 동쪽 플랜터에는 높이와 폭, 중량을 고려하여 크지 않은 수목을 선정하여 식재할 것

④ 각 플랜터 및 바닥의 높이를 평면도에 반드시 표시하고, A-A' 단면도는 다음의 인공식재 기준에 따라 작성할 것

- 배수판 : THK 30
- 인공토(배수용) : THK 100
- 인공토(육성용) : 성상에 따라 최소 생존 토심을 고려하여, 플랜터보다 40~60mm 낮게 할 것

⑤ 도면 내 특이사항 및 특정 표현 필요시 인출선을 사용하여 표시할 것

⑥ 북측에는 사계절 푸른 교목류를 식재하고, 나머지는 높이를 고려하여 낙엽교목과 관목류를 적절히 식재할 것

⑦ 관목의 식재 기준은 제곱미터당 10주, 군식을 원칙으로 한다.

⑧ 아래 수목 중 10종을 선정하여 수목명, 수량, 규격을 인출선을 사용하여 도면에 표시할 것

> 소나무(H4.0×W2.0), 소나무(H3.0×W1.5), 소나무(H2.5×W1.2), 스트로브잣나무(H2.5×W1.2),
> 스트로브잣나무(H2.0×W1.0), 주목(H2.0×W1.0), 왕벚나무(H4.5×B15), 산사나무(H2.5×R6),
> 느티나무(H3.5×R8), 매화나무(H2.5×WR6), 산수유(H2.5×R8), 배롱나무(H2.5×R6),
> 남천(H1.0×3가지), 수수꽃다리(H1.2×W0.4), 병꽃나무(H1.0×W0.4), 쥐똥나무(H1.0×W0.4),
> 명자나무(H0.6×W0.4), 백철쭉(H0.4×W0.4), 산철쭉(H0.4×W0.4), 회양목(H0.3×W0.3),
> 자산홍(H0.4×W0.3), 영산홍(H0.4×W0.3), 금목서(H2.0×W1.0), 황매화(H1.0×W0.4),
> 조릿대(H0.6×8가지), 맥문동(H0.2×5포기)

⑨ A-A' 단면도에는 포장재료, 수목, 시설물, 이용자, 높이 차 등을 반드시 표시하시오.

> - 낮은 플랜터의 높이는 0.5m 이하로 하고 식재 토심은 0.43m 이상으로 할 것
>   배수판THK30
>   인공토(배수용)THK100
>   인공토(육성용)THK300 이상
>
> - 높은 플랜터의 높이는 0.9m 이하로 하고 식재 토심은 0.75m 이상 확보한다.
>   배수판THK30
>   인공토(배수용)THK100
>   인공토(육성용)THK600 이상

(4) 예시답안(평면도)

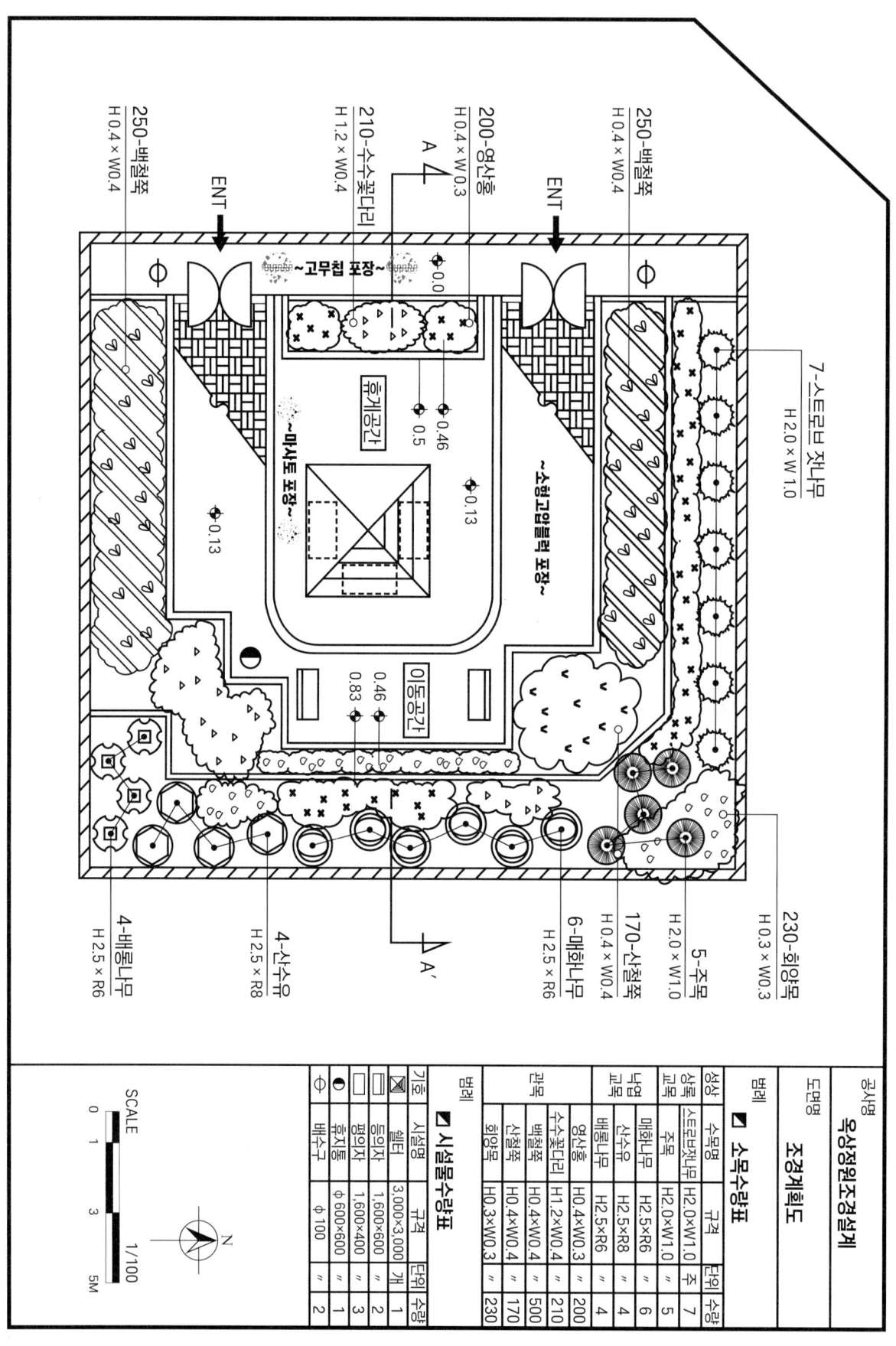

(5) 예시답안(단면도)

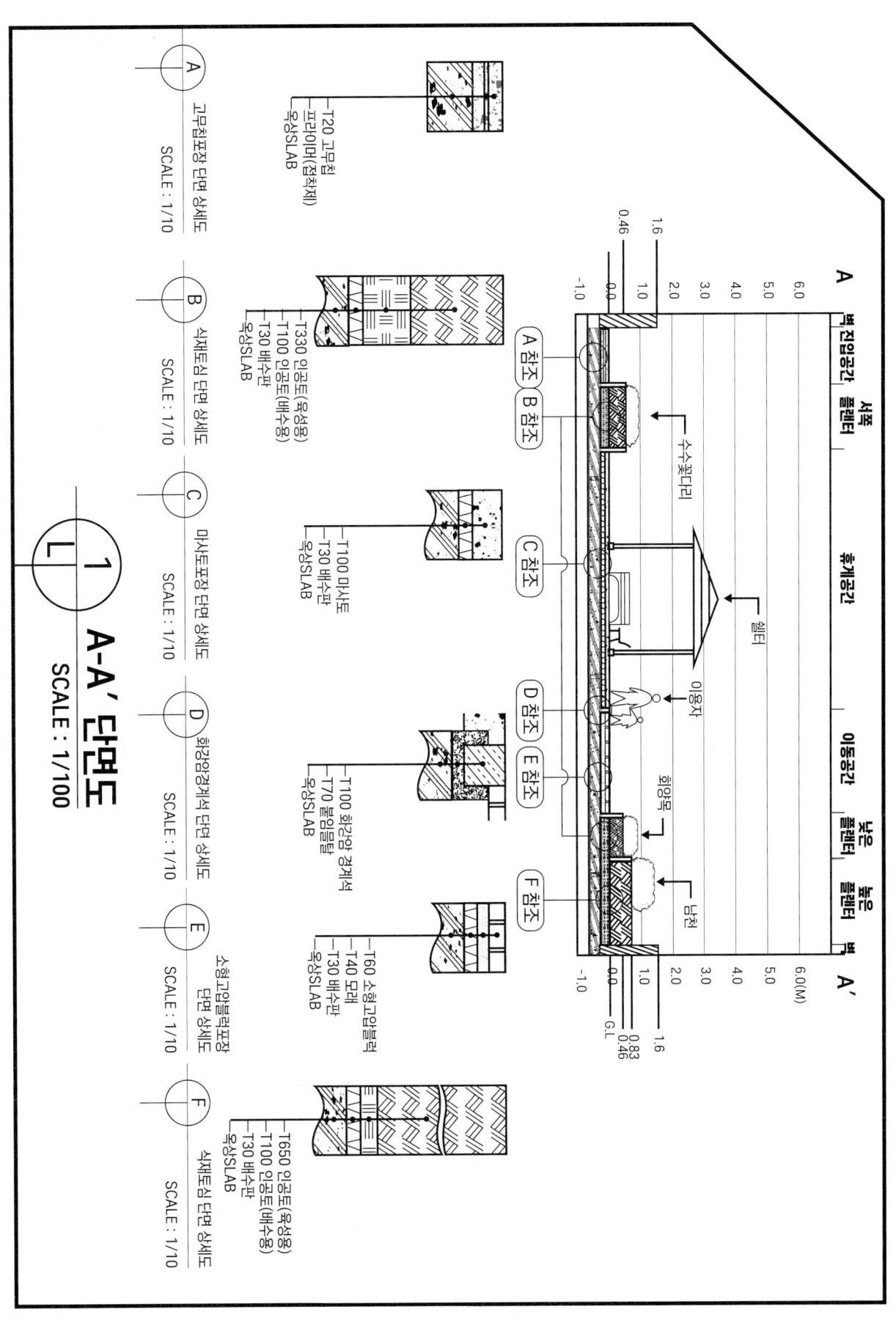

(6) 예시답안(실전 조경계획도)

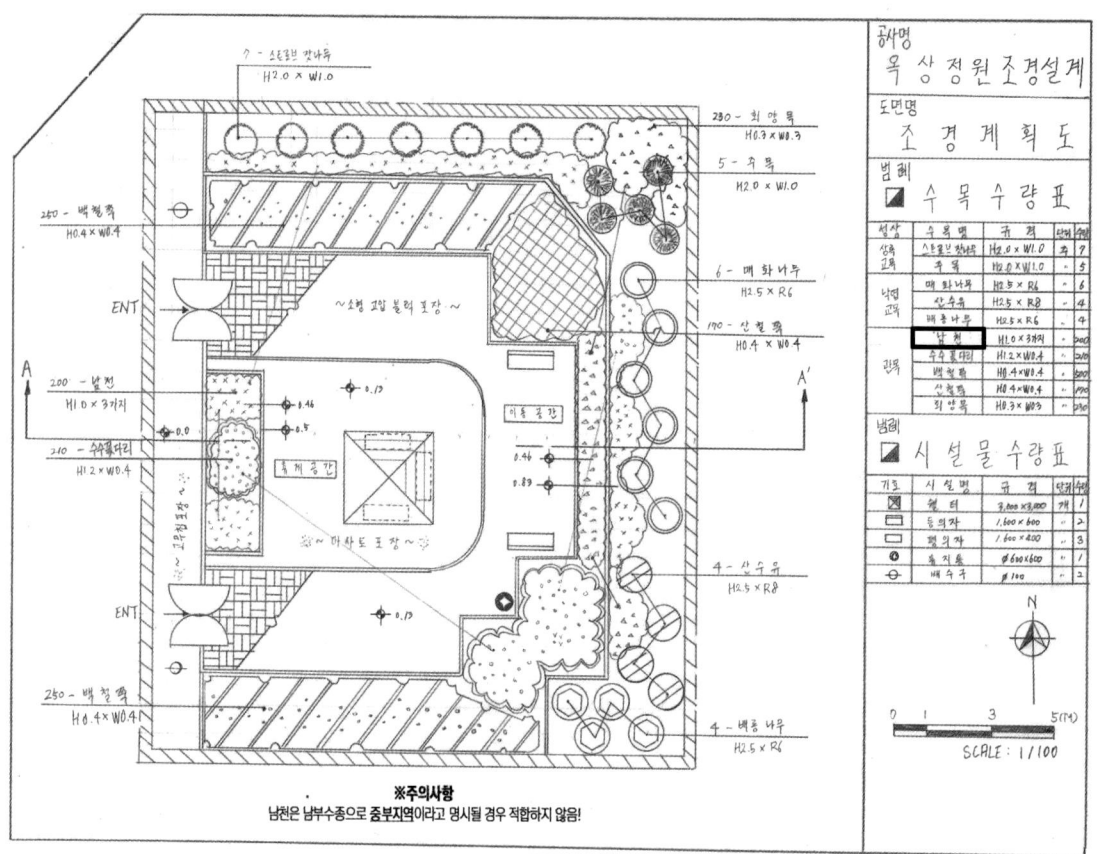

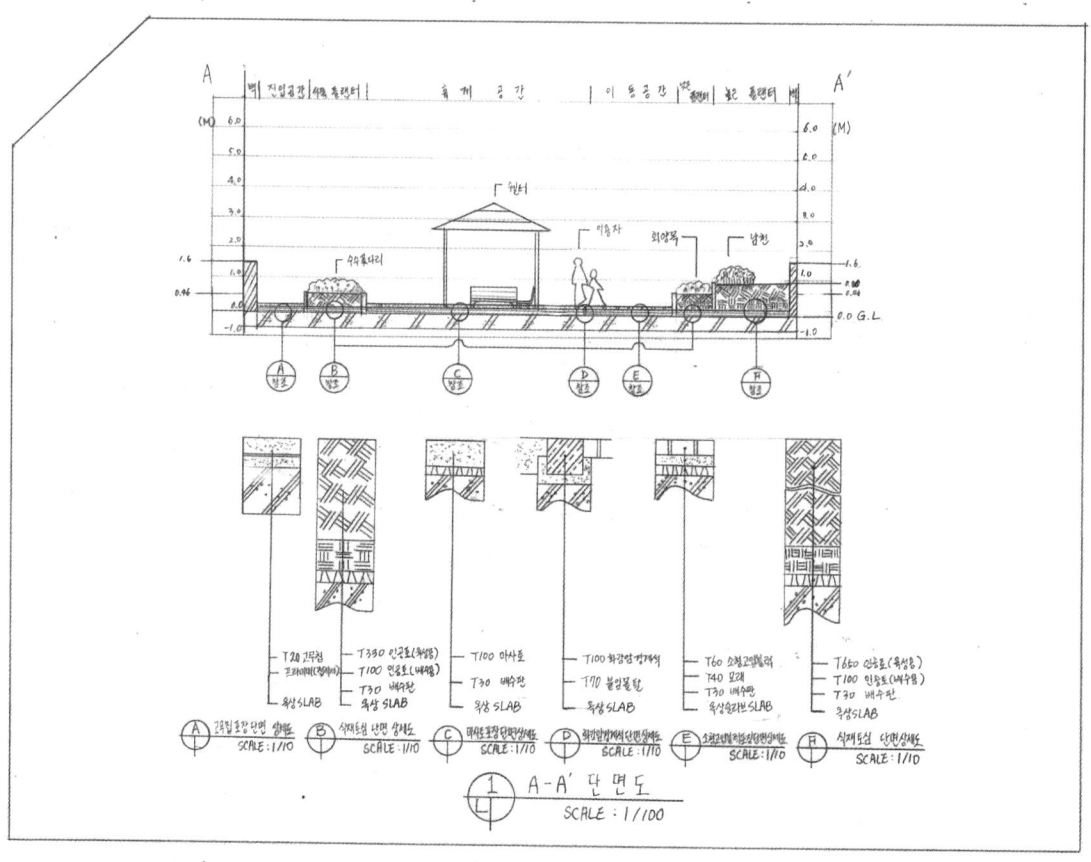

4. 벽천 / 놀이시설 / 주차장 / 휴게시설 복합 공간

우리나라 중부 지역에 위치한 도로변의 빈 공간에 대한 조경설계를 하시오. 아래에 주어진 현황도와 설계조건을 참조하여 조경계획도를 작성하시오. (단, 2점 쇄선 안 부분이 조경설계 대상지이다)

(1) 현황도

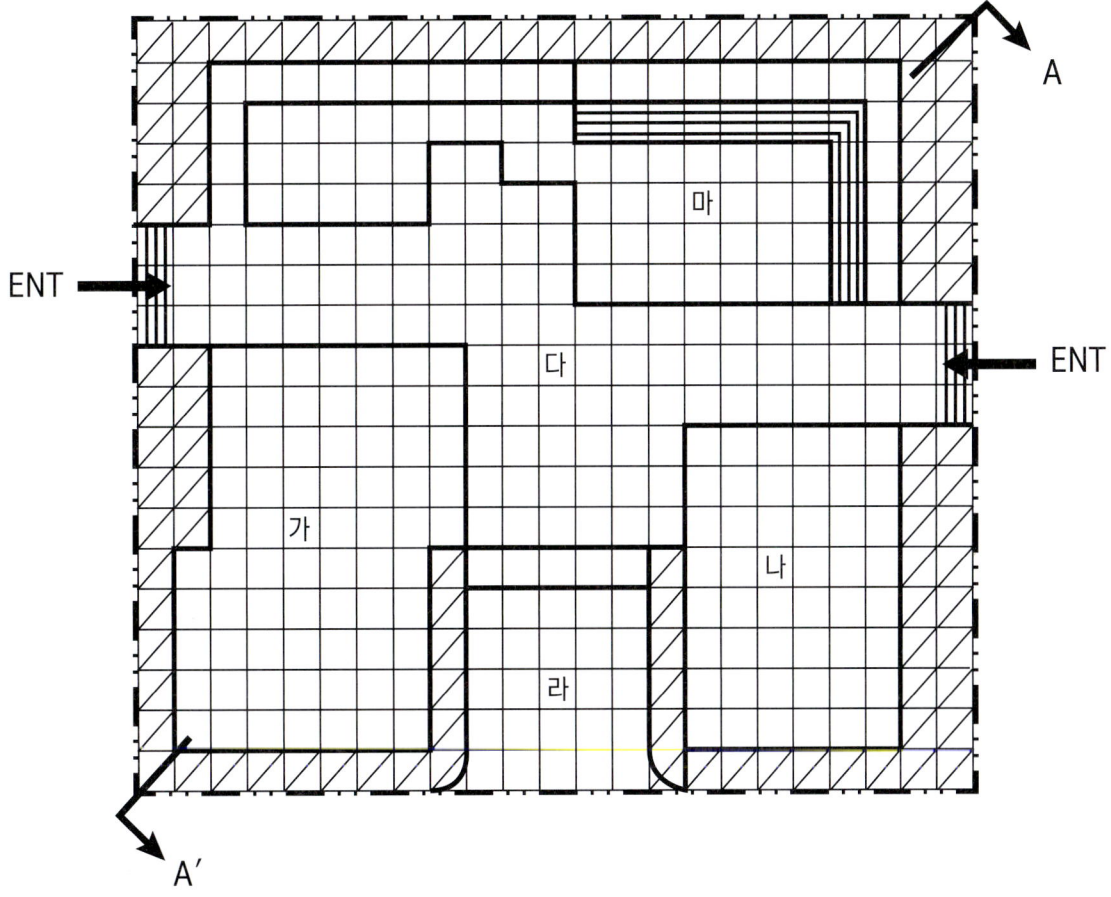

(2) 요구사항

① 식재 평면도를 위주로 한 조경계획도를 축척 1/100로 작성하시오.

② 작업 명칭은 "도로변 소공원"으로 할 것

③ 도면 오른쪽에는 수목수량표와 시설물 수량표를 작성하되 수목의 성상, 수목명, 규격과 수량을 반드시 표시하시오.

④ A-A' 단면도를 축척 1/100로 작성할 것

(3) 설계조건

① 바닥 포장은 소형고압블럭, 콘크리트, 방수콘크리트, 마사토, 고무칩 등을 이용하여 적당한 공간에 표시하고 포장명을 기입하시오.

② "가" 지역은 어린이 놀이공간으로 정글짐과 시소를 포함한 놀이시설 3종으로 계획하고, 고무칩으로 포장하시오.

③ "나" 지역은 휴게공간으로 퍼걸러 1개소, 휴지통 1개소, 등벤치 2개소, 수목보호대 2개소를 설치하시오.

④ "다" 지역은 이용자 보행통로로 이용되는 이동 공간으로 수목보호대 4개소와 휴지통 1개소, 평벤치 4개소를 설치하시오.

⑤ "라" 지역은 주차 공간으로 소형자동차(2,500mm×5,000mm) 2대가 주차 가능하도록 계획하시오.

⑥ "마" 지역은 수경공간으로 깊이 60cm의 벽천을 설치하되 계단은 하나의 가로와 세로를 30cm로 하고 계단의 전체 높이는 1.2m가 되도록 계획하시오.

⑦ 대상지는 진입구에 계단이 설치되어 있으며, 대상지 외곽의 부지보다 1m 높게 조성되어 있음에 유의하여 설계하시오.

⑧ 대상지 내 유도식재, 녹음식재, 경관식재, 소나무 군식 등의 식재 패턴을 필요한 곳에 배식하시오.

⑨ 수목은 종류가 다른 12가지를 선정하여 식재를 계획하고 인출선을 사용하여 표기하시오.

소나무(H4.0×W2.0), 소나무(H3.0×W1.5), 소나무(H2.5×W1.2), 스트로브잣나무(H2.5×W1.5), 스트로브잣나무(H2.0×W1.0), 왕벚나무(H4.5×B15), 버즘나무(H3.5×B8), 산사나무(H2.5×R6), 느티나무(H3.0×R6), 청단풍(H2.5×R8), 중국단풍(H2.5×R5), 자귀나무(H2.5×R6), 산딸나무(H2.0×R5), 산수유(H2.5×R7), 꽃사과(H2.5×R5), 수수꽃다리(H1.5×W0.6), 병꽃나무(H1.0×W0.4), 쥐똥나무(H1.0×W0.3), 명자나무(H0.6×W0.4), 산철쭉(H0.3×W0.4), 자산홍(H0.3×W0.3), 영산홍(H0.4×W0.3), 황매화(H1.0×W0.4), 조릿대(H0.6×7가지), 맥문동(H0.2×5포기)

⑩ A-A' 단면도에는 포장재료, 수목, 시설물, 이용자, 높이 차 등을 반드시 표시하시오.

(4) 예시답안(평면도)

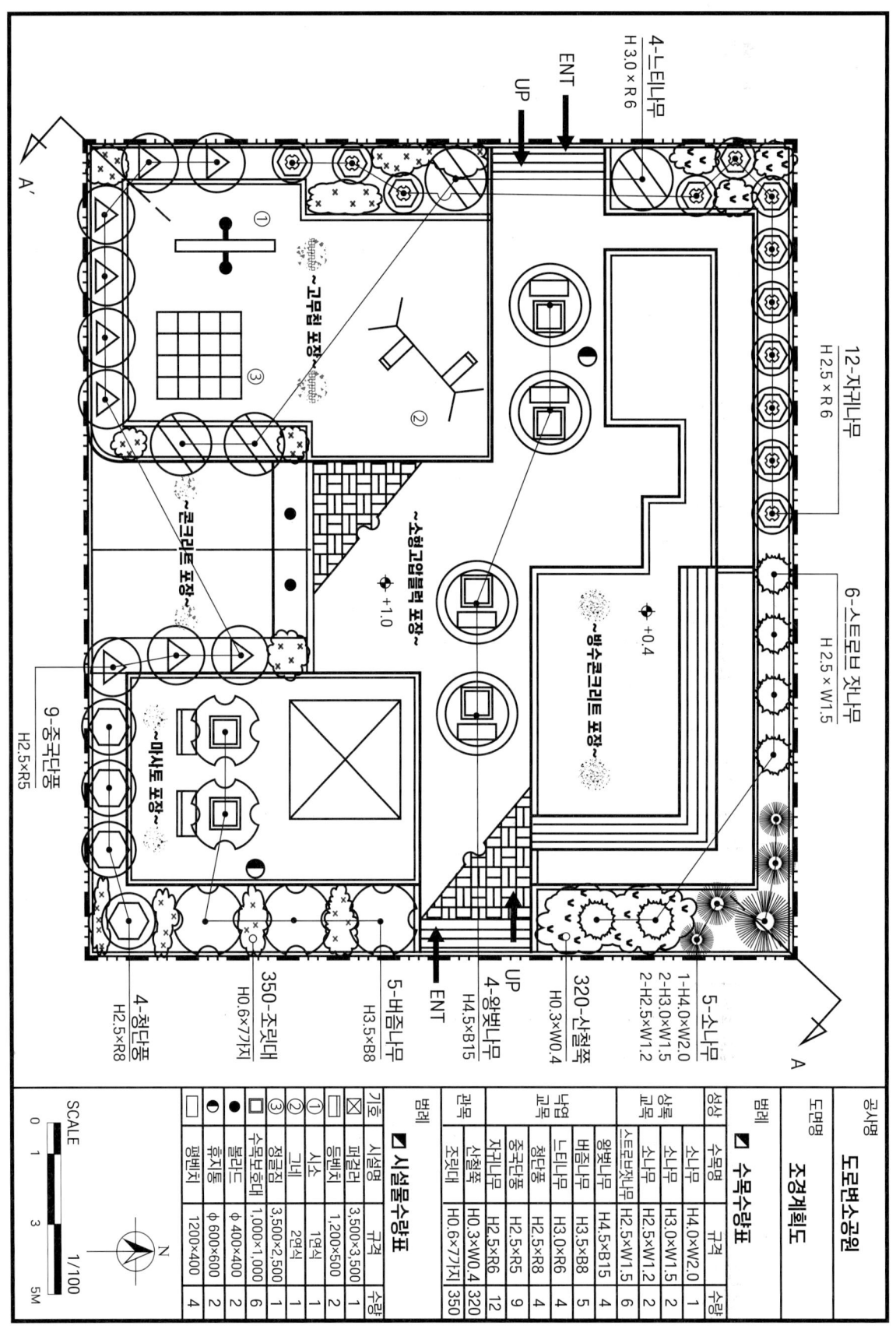

(5) 예시답안(단면도)

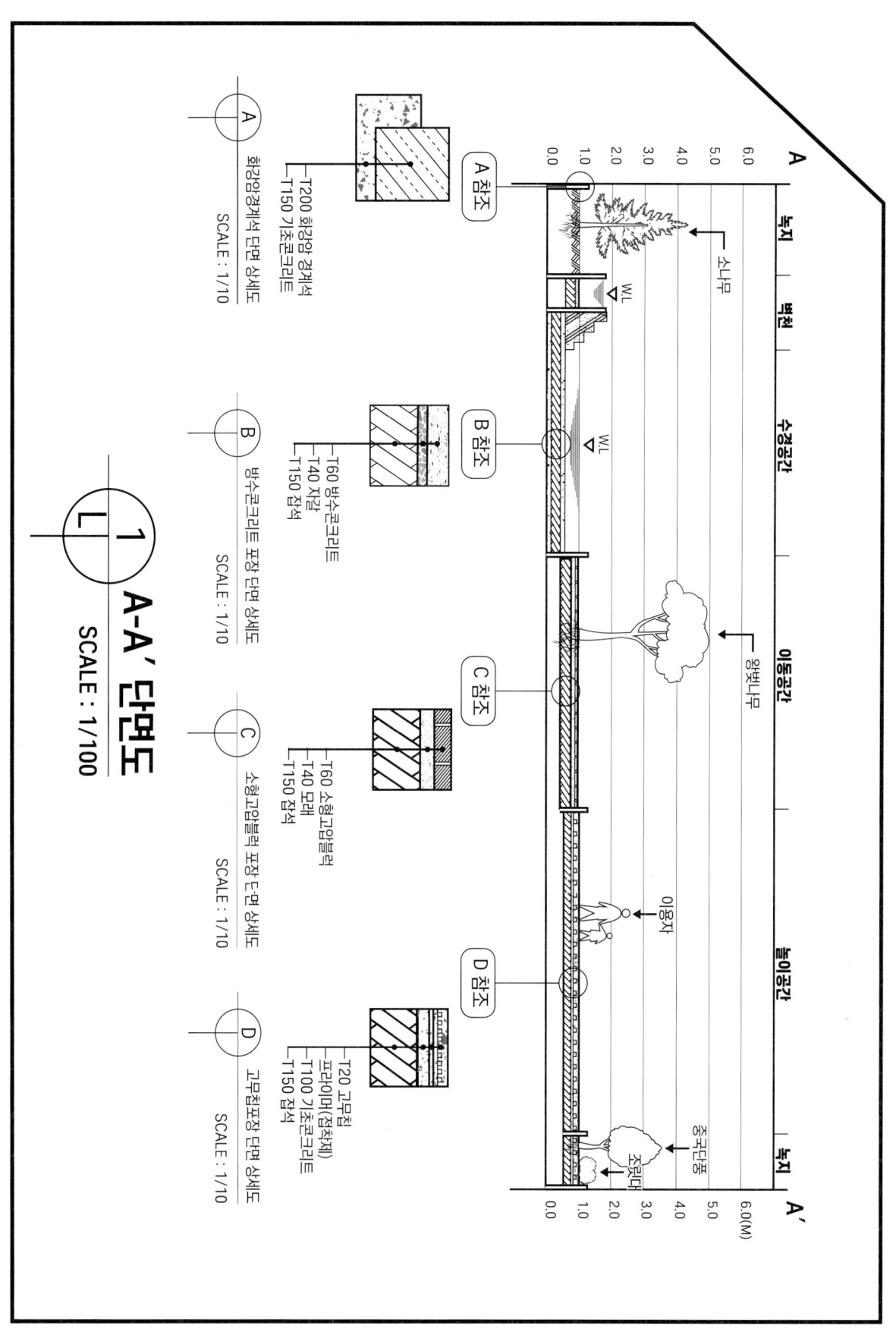

(6) 예시답안(실전 조경계획도)

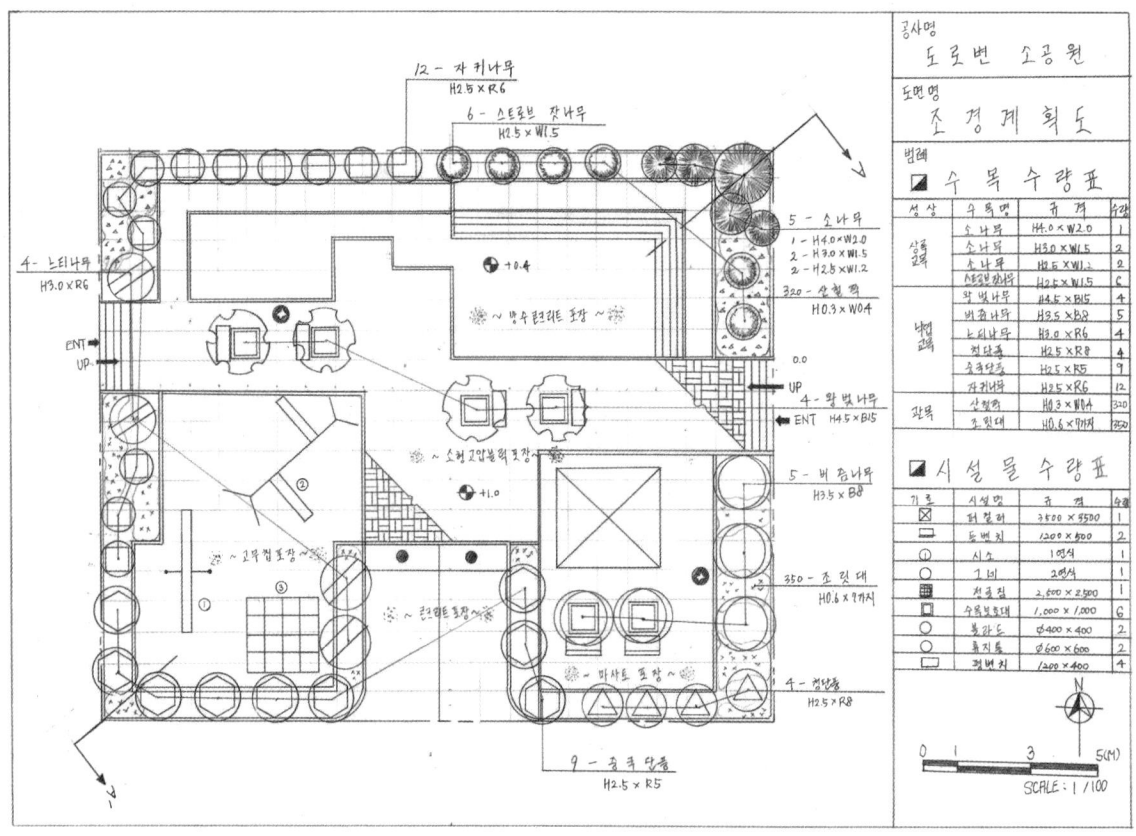

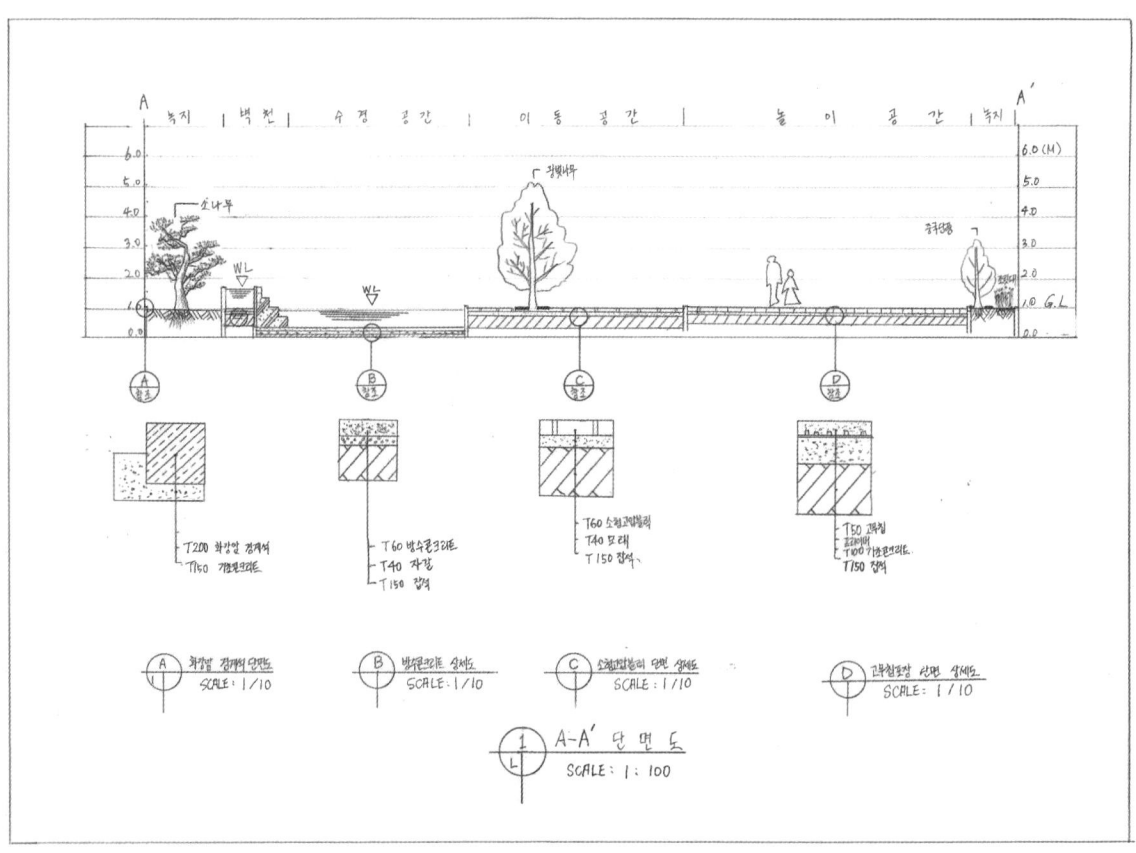

5. 수경공간(캐스케이드) / 놀이시설 / 휴게시설 복합 공간

우리나라 중부 지역에 위치한 도로변의 빈 공간에 대한 조경설계를 하시오. 아래에 주어진 현황도와 설계조건을 참조하여 조경계획도를 작성하시오. (단, 2점 쇄선 안 부분이 조경설계 대상지이다)

(1) 현황도

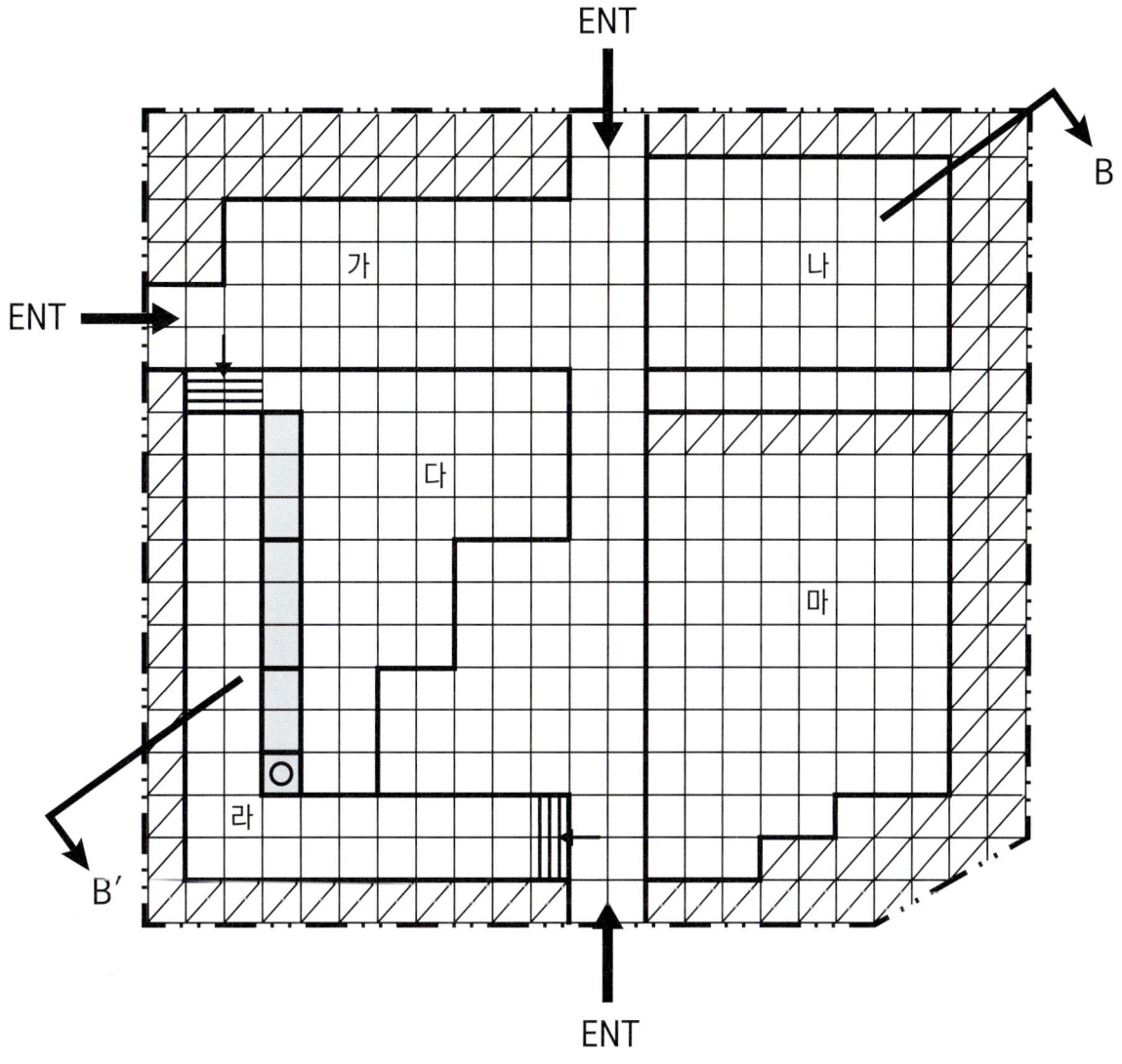

(2) 요구사항

① 식재 평면도를 위주로 한 조경계획도를 축척 1/100로 작성하시오.

② 작업 명칭은 "도로변 소공원"으로 할 것

③ 도면 오른쪽에는 수목수량표와 시설물 수량표를 작성하되 규격과 단위, 수량을 반드시 표시하시오.

④ B-B' 단면도를 축척 1/100로 작성할 것

⑤ 막대축척과 방위표시를 반드시 표기할 것

⑥ 도면의 전체적인 안정감을 위해 테두리 선을 그리시오.

(3) 설계조건

① 해당 지역은 도심에 위치한 수경시설을 포함한 휴식 공간과 어린이 놀이공간이 혼재된 소공원으로 이러한 특성이 반영된 조경계획도를 작성하도록 한다.

② "가" 지역은 이동공간 및 보행공간으로 적당한 곳에 수목보호대 3개소를 설치하여 벚꽃을 감상할 수 있도록 하고, 등벤치 3개소를 설치하시오.

③ "나" 지역은 휴게공간으로 퍼걸러 1개소(가로 6m 이상으로 할 것)와 등벤치 2개소를 설치하시오.

④ "다" 지역은 캐스케이드를 포함한 수경공간으로 깊이 0.6m로 조성하되 캐스케이드 상단 분출구의 높이는 바닥 면으로부터 1.0m 높이로 하여 3단계로 조성할 것(각 단은 각각 0.9m, 0.7m, 0.5m로 한다)

⑤ '라' 지역은 주변 지역보다 1m 높게 조성하여 계단을 통해 이동하여 수경공간을 감상할 수 있도록 한다.

⑥ "마" 지역은 어린이를 위한 놀이공간으로 놀이시설 3종을 설치하시오.

⑦ 대상지 내 유도식재, 녹음식재, 유도식재, 경관식재(소나무 군식) 등의 식재 패턴을 필요한 곳에 배식하시오.

⑧ 수목은 종류가 다른 10가지를 선정하여 식재를 계획하고 인출선을 사용하여 표기하시오.

소나무(H4.0×W2.0), 소나무(H3.0×W1.5), 소나무(H2.5×W1.2), 스트로브잣나무(H2.5×W1.2), 스트로브잣나무(H2.0×W1.2), 왕벚나무(H4.5×B15), 버즘나무(H3.5×B8), 산사나무(H2.5×R6), 느티나무(H3.0×R6), 청단풍(H2.5×R8), 중국단풍(H2.5×R5), 자귀나무(H2.5×R6), 산딸나무(H2.0×R5), 산수유(H2.5×R7), 꽃사과(H2.5×R5), 수수꽃다리(H1.5×W0.6), 병꽃나무(H1.0×W0.4), 쥐똥나무(H1.0×W0.3), 명자나무(H0.6×W0.4), 산철쭉(H0.3×W0.4), 자산홍(H0.3×W0.3), 영산홍(H0.4×W0.3), 황매화(H1.0×W0.4), 조릿대(H0.6×7가지), 맥문동(H0.2×5포기)

⑨ B-B' 단면도에는 포장재료, 수목, 시설물, 이용자, 높이 차 등을 반드시 표시하시오.

(4) 예시답안(평면도)

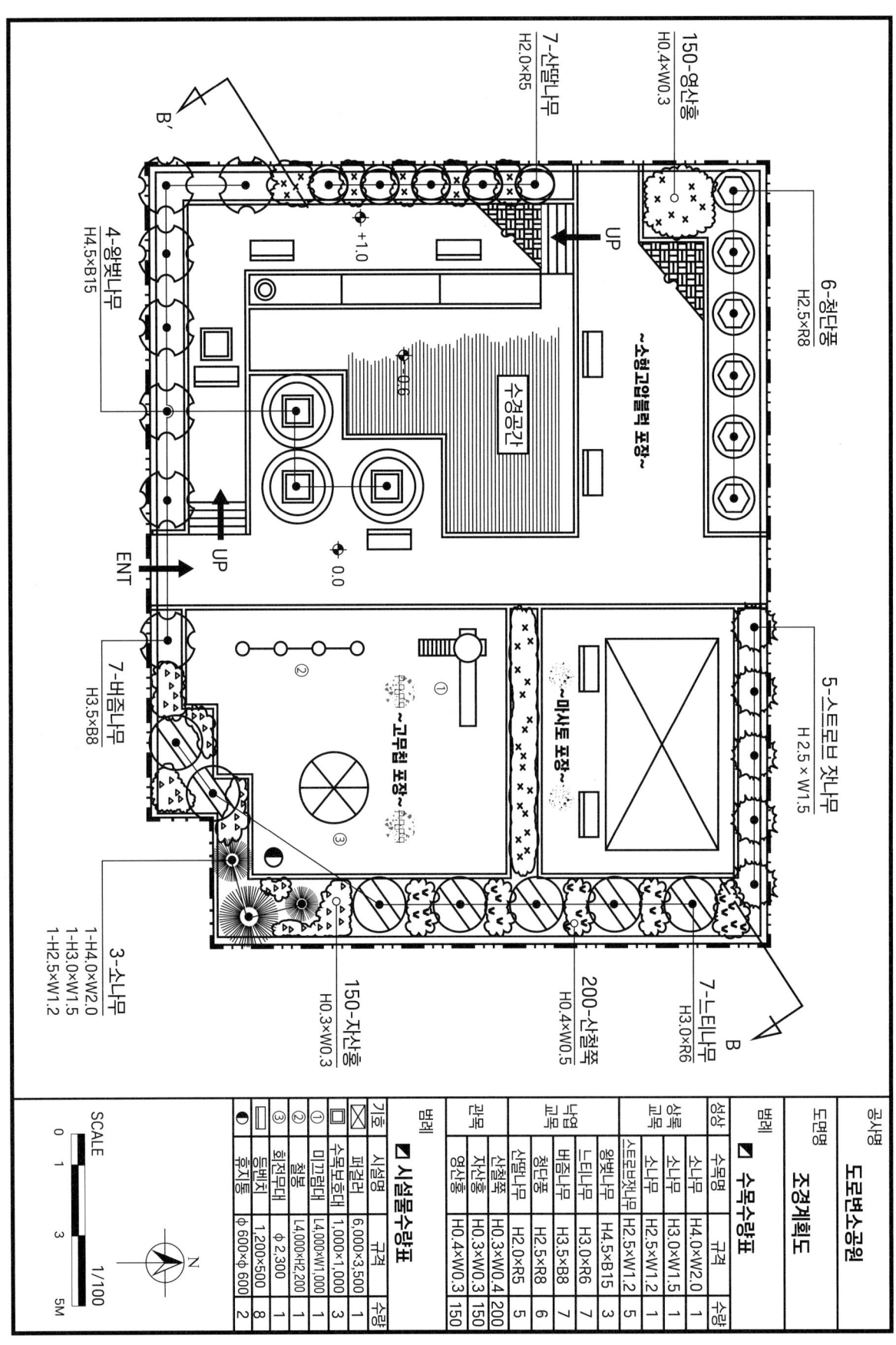

(5) 예시답안(단면도)

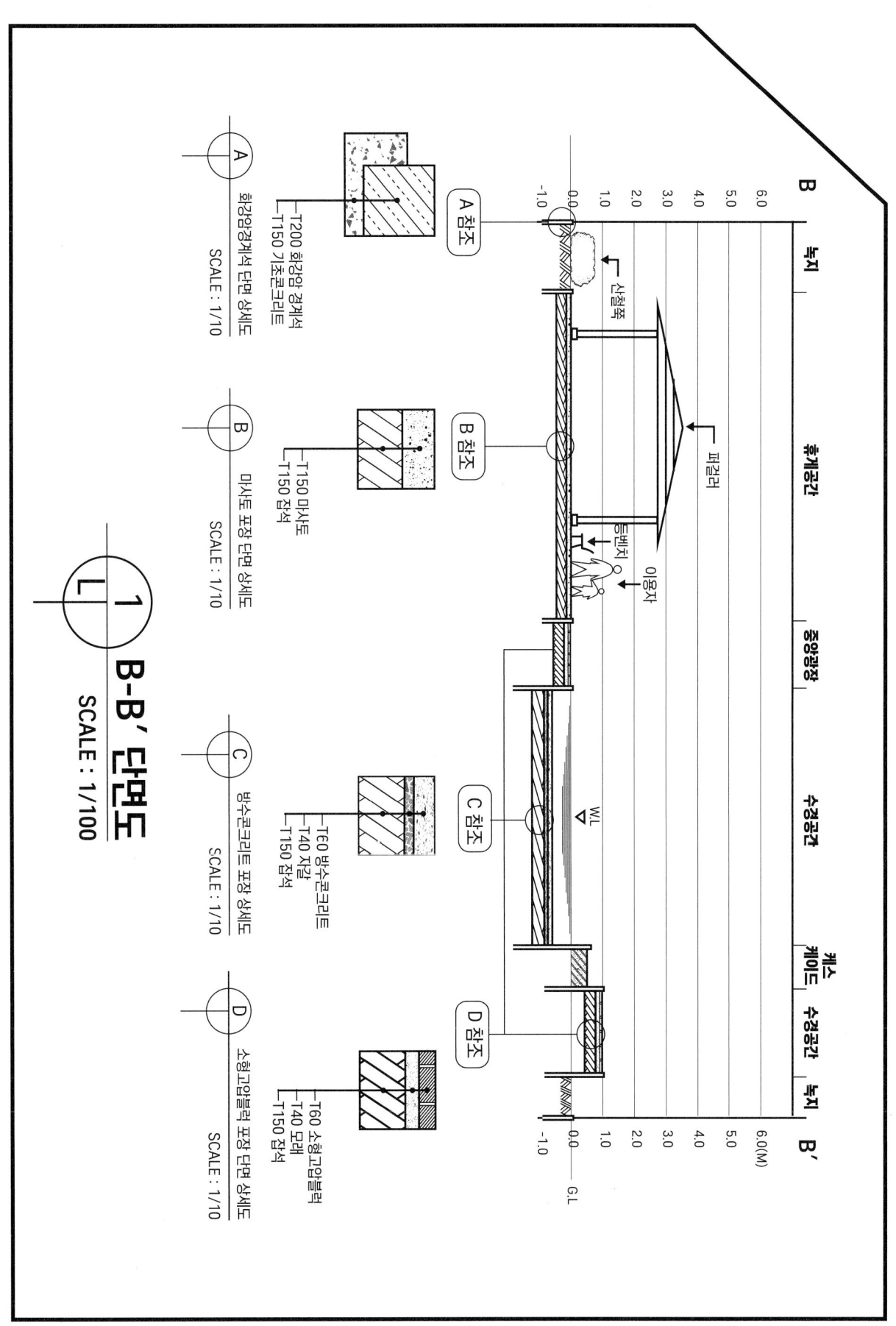

(6) 예시답안(실전 조경계획도)

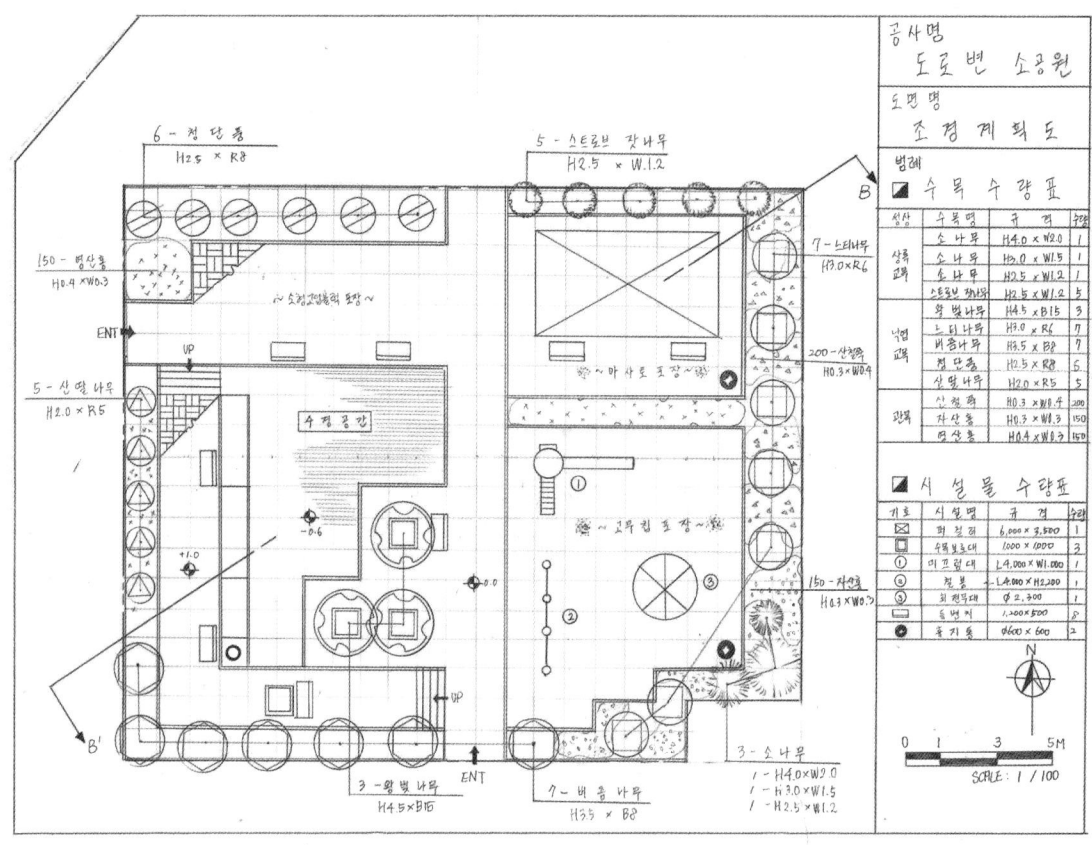

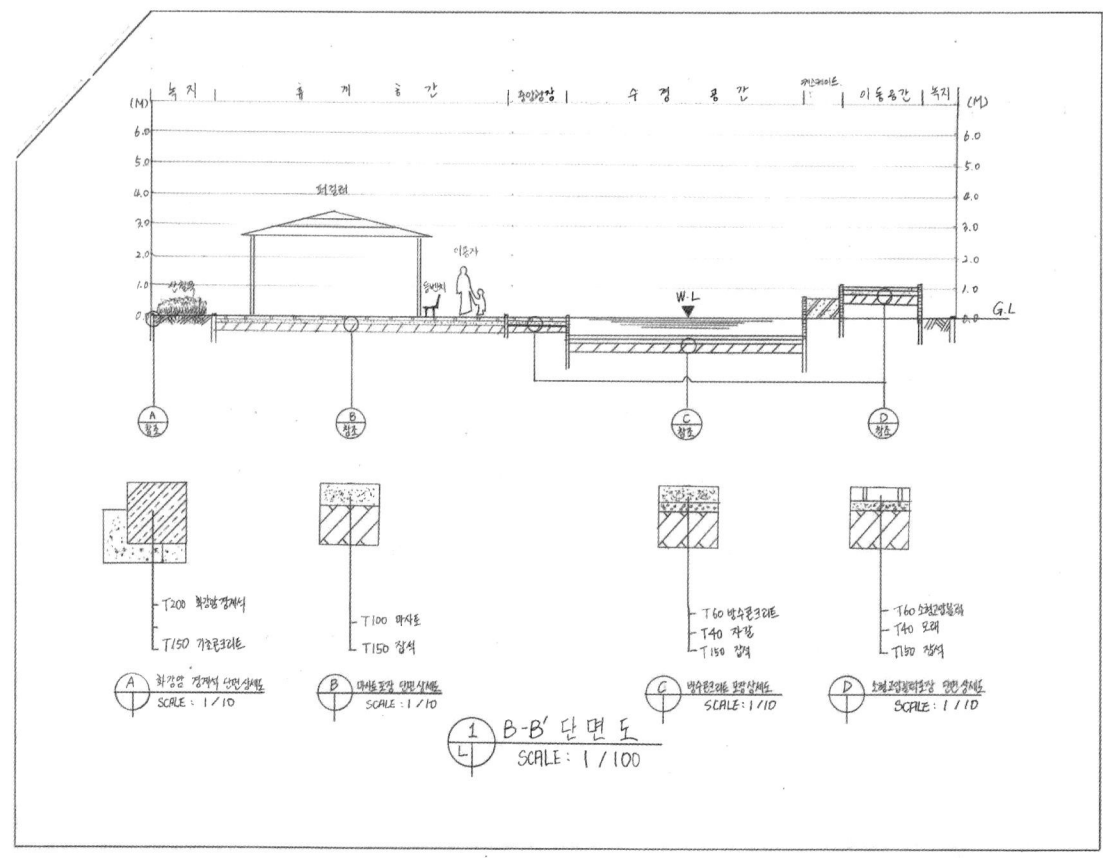

6. 목재 데크로 둘러싸인 수반을 포함한 소공원

우리나라 중부 지역에 위치한 도로변의 자투리 공간에 대한 조경설계를 하시오. 아래에 주어진 현황도와 설계조건을 참조하여 조경계획도를 작성하시오. (단, 2점 쇄선 안 부분이 조경설계 대상지이다)

(1) 현황도

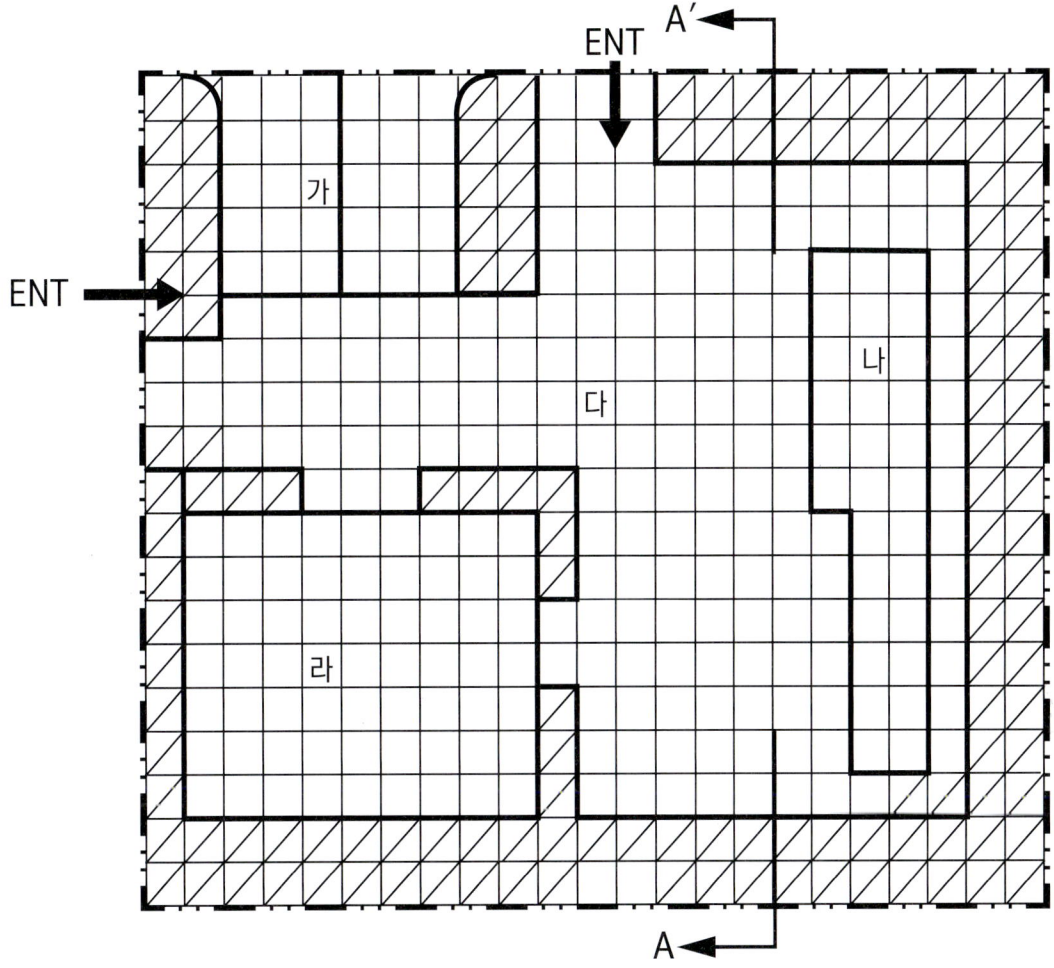

(2) 요구사항

① 식재 평면도를 위주로 한 조경계획도를 축척 1/100로 작성하시오.

② 작업 명칭은 "도로변 소공원"으로 할 것

③ 도면 오른쪽에는 수목수량표와 시설물 수량표를 작성하되 규격과 단위, 수량을 반드시 표시하시오.

④ A - A' 단면도를 축척 1/100로 작성할 것

⑤ 막대축척과 방위표시를 반드시 표기할 것

⑥ 도면의 전체적인 안정감을 위해 테두리 선을 그리시오.

(3) 설계조건

① 해당 지역은 도심에 위치한 빈 공간을 활용한 휴게공간으로 아래 사항을 참조하여 조경계획도를 작성하시오.

② "가" 지역은 주차 공간으로 경차 2대를 주차할 수 있도록 계획하고 볼라드를 설치하시오.

③ "나" 지역은 수경공간(수반)으로 깊이는 50cm로 하고 둘레에 폭 1m의 목재 데크를 설치하여 이용자들이 경관을 감상하며 산책을 즐길 수 있도록 설계하시오.

④ "다" 지역은 이동 공간으로 가로 2.5m / 세로 2.5m의 바닥분수와 수목보호대 3개소, 쉘터 1개소, 평벤치 4개소를 설치하시오.

⑤ '라" 지역은 어린이 놀이 공간으로 놀이시설 3종을 설치하시오.

⑥ 각 지역의 포장은 콘크리트, 마사토, 고무칩, 투수콘크리트, 소형고압블럭, 점토벽돌, 화강석 판석 등을 사용하여 적용하며 반드시 기호와 명칭을 표시하시오.

⑦ 대상지 내 유도식재, 녹음식재, 유도식재, 경관식재(소나무 군식) 등의 식재 패턴을 필요한 곳에 배식하시오.

⑧ 수목은 종류가 다른 10가지를 선정하여 식재를 계획하고 인출선을 사용하여 수목명과 규격, 수량을 반드시 표기하시오.

소나무(H4.0×W2.0), 소나무(H3.0×W1.5), 소나무(H2.5×W1.2), 스트로브잣나무(H2.5×W1.2), 스트로브잣나무(H2.0×W1.0), 왕벚나무(H4.5×B10), 버즘나무(H3.5×B8), 산사나무(H2.5×R6), 느티나무(H3.0×R20), 청단풍(H2.5×R8), 중국단풍(H2.5×R5), 자귀나무(H2.5×R6), 산딸나무(H2.0×R5), 회양목(H0.3×W0.3), 산수유(H2.5×R7), 꽃사과(H2.5×R5), 수수꽃다리(H1.5×W0.6), 병꽃나무(H1.0×W0.4), 쥐똥나무(H1.0×W0.3), 명자나무(H0.6×W0.4), 산철쭉(H0.3×W0.4), 자산홍(H0.3×W0.3), 영산홍(H0.4×W0.3), 황매화(H1.0×W0.4), 조릿대(H0.6×7가지), 맥문동(H0.2×5포기)

⑨ A-A' 단면도에는 포장재료, 수목, 시설물, 이용자, 높이 차 등을 반드시 표시하시오.

(4) 예시답안(평면도)

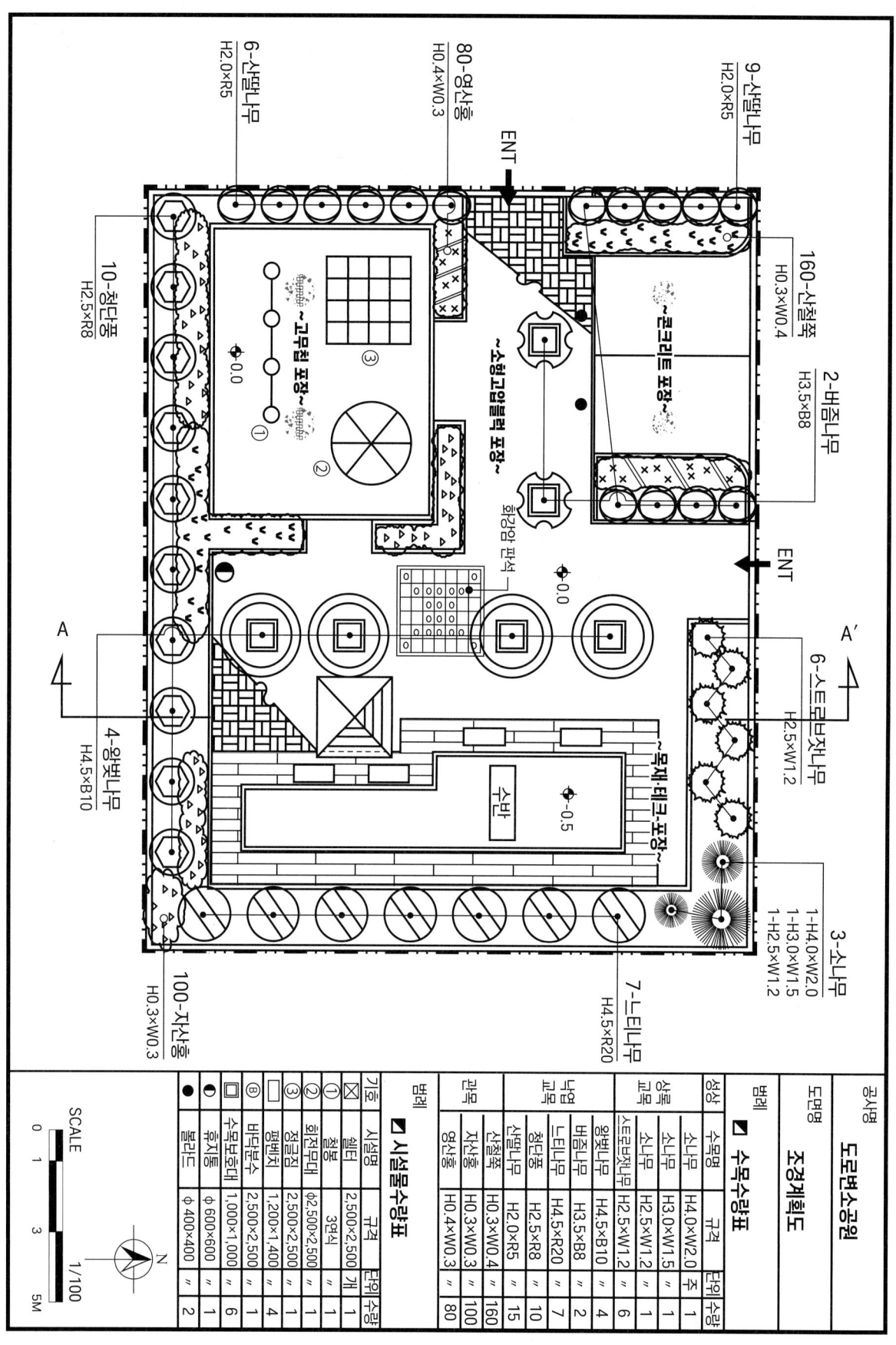

(5) 예시답안(단면도)

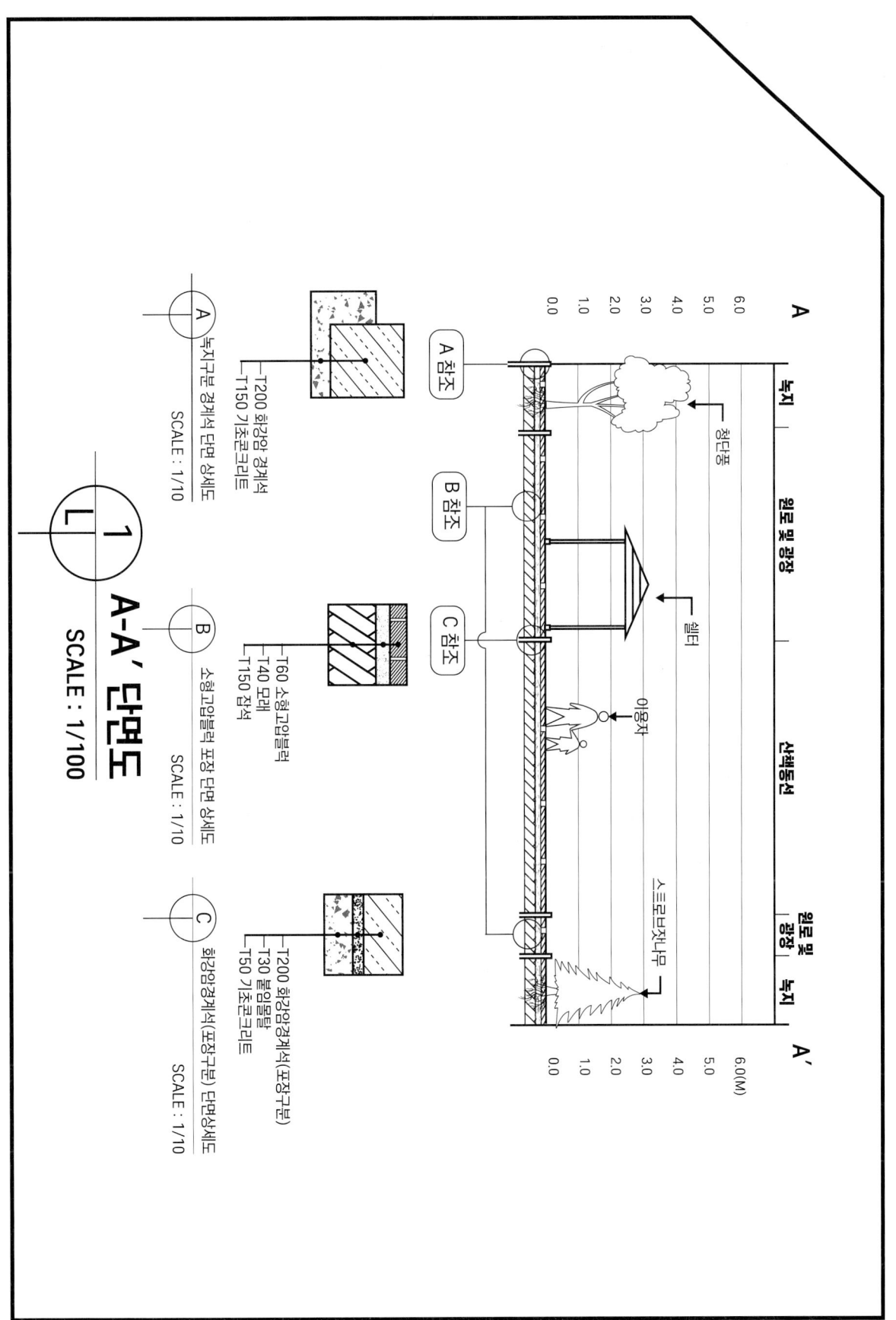

(6) 예시답안(실전 조경계획도)

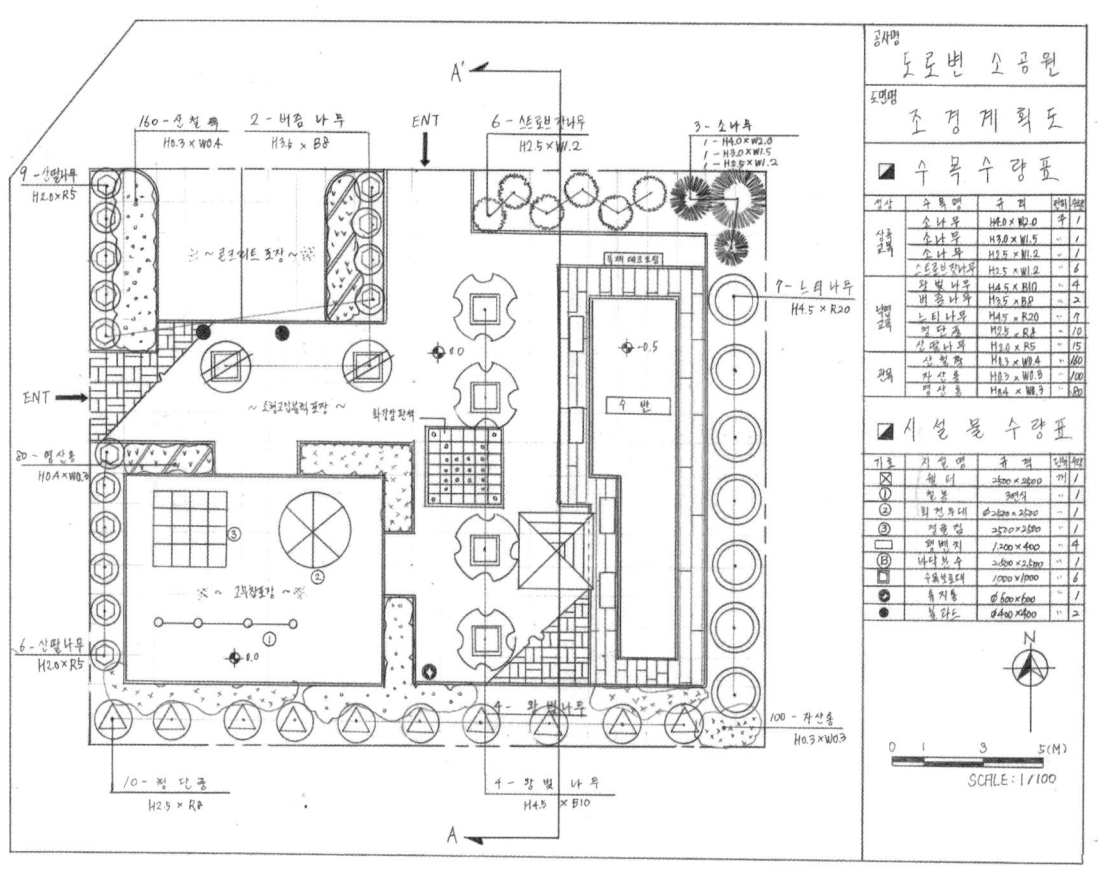

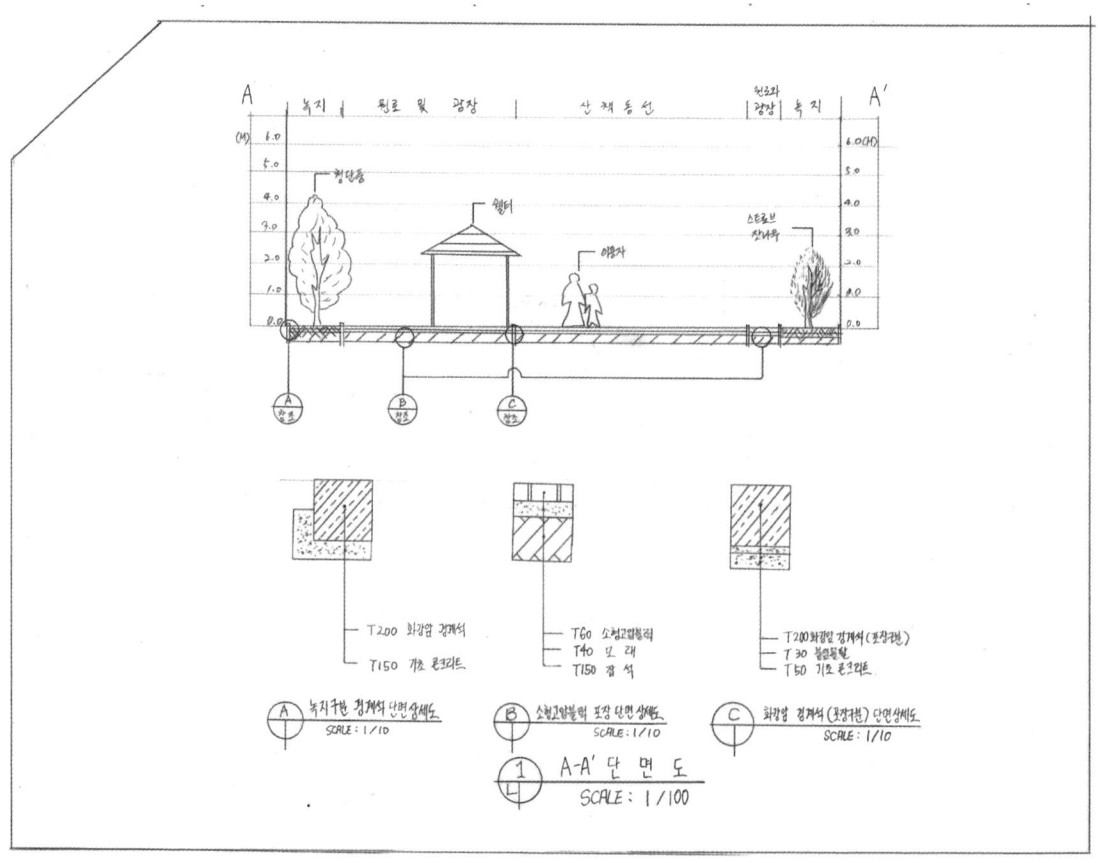

7. 벽천 광장 / 놀이시설 / 휴게시설 종합 설계

우리나라 중부 지역에 위치한 도로변의 빈 공간에 대한 조경설계를 하시오. 아래에 주어진 현황도와 설계 조건을 참조하여 조경계획도를 작성하시오. (단, 2점 쇄선 안 부분이 조경설계 대상지이다)

(1) 현황도

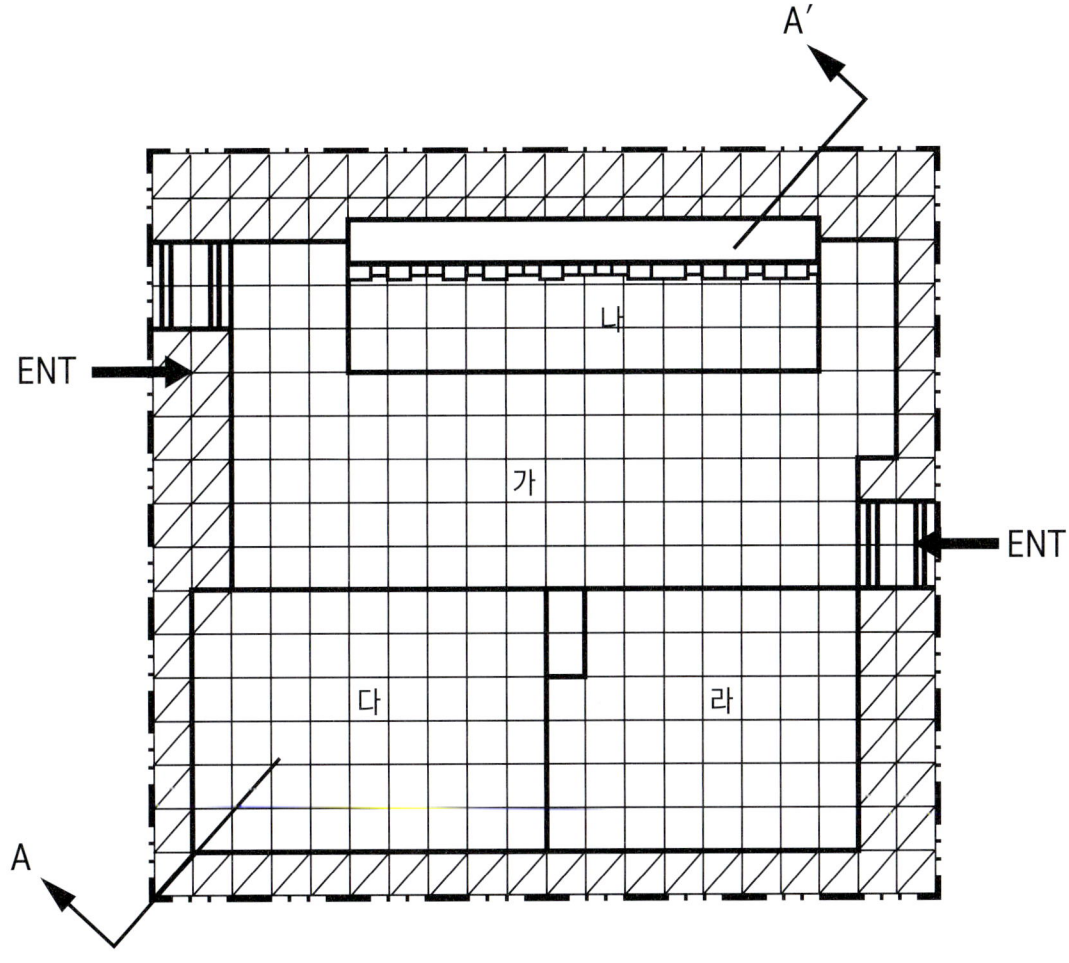

(2) 요구사항

① 식재 평면도를 위주로 한 조경계획도를 축척 1/100로 작성하시오.

② 작업 명칭은 "도로변 소공원"으로 할 것

③ 도면 오른쪽에는 수목수량표와 시설물 수량표를 작성하되 규격과 단위, 수량을 반드시 표시하시오.

④ A-A' 단면도를 축척 1/100로 작성할 것

⑤ 막대축척과 방위표시를 반드시 표기할 것

⑥ 도면의 전체적인 안정감을 위해 테두리 선을 그리시오.

(3) 설계조건

① 해당 지역은 도심에 위치한 빈 공간을 활용한 휴게공간 및 어린이 놀이공간으로 아래 사항을 참조하여 조경계획도를 작성하시오.

② "가" 지역은 광장 및 이동 공간으로 진입부에는 계단이 설치되어 있으며, 주변의 외곽지역보다 1m 낮은 공간으로 적용하며, 수목보호대 4개소를 설치하고 적당한 수종을 식재하여 녹음과 그늘을 제공할 수 있도록 설계하시오.

③ "나" 지역은 깊이 60cm의 수경공간으로 수면 바닥으로부터 1m 높이의 벽천을 설치하시오.

④ "다" 지역은 어린이 놀이공간으로 놀이시설 3종(미끄럼대, 정글짐, 회전무대)을 설치하시오.

⑤ "라" 지역은 휴게공간으로 퍼걸러 1개소와 등벤치 1개소, 수목보호대 1개소, 휴지통 1개소를 각각 설치하시오.

⑥ 각 지역의 포장은 콘크리트, 마사토, 고무칩, 투수콘크리트, 소형고압블럭, 점토벽돌, 화강석 판석 등을 사용하여 적용하며 반드시 기호와 명칭을 표시하시오.

⑦ 대상지 내 외곽 녹지는 적벽돌을 이용한 1m 높이의 플랜트 박스(Plant Box)를 적용하여 유도식재, 녹음식재, 유도식재, 경관식재(소나무 군식) 등의 식재 패턴을 적절하게 배식하시오.

⑧ 수목은 종류가 다른 10가지를 선정하여 식재를 계획하고 인출선을 사용하여 수목명과 규격, 수량을 반드시 표기하시오.

⑨ A-A' 단면도에는 경계석, 포장재료, 수목, 시설물, 이용자, 높이 차 등을 반드시 표시하시오.

소나무(H4.0×W2.0), 소나무(H3.0×W1.5), 소나무(H2.5×W1.2), **스트로브잣나무**(H2.5×W1.2), **스트로브잣나무**(H2.0×W1.0), 왕벚나무(H4.5×B15), 버즘나무(H3.5×B8), **산사나무**(H2.5×R6), 느티나무(H3.0×R6), 청단풍(H2.5×R8), 중국단풍(H2.5×R5), **자귀나무**(H2.5×R6), 산딸나무(H2.0×R5), 회양목(H0.3×W0.3), 산수유(H2.5×R7), 꽃사과(H2.5×R5), 수수꽃다리(H1.5×W0.6), 병꽃나무(H1.0×W0.4), **쥐똥나무**(H1.0×W0.3), 명자나무(H0.6×W0.4), 산철쭉(H0.3×W0.4), 명자나무(H0.6×W0.4), **자산홍**(H0.3×W0.3), 영산홍(H0.4×W0.3), 황매화(H1.0×W0.4), 조릿대(H0.6×7가지), 맥문동(H0.2×5포기)

(4) 예시답안(평면도)

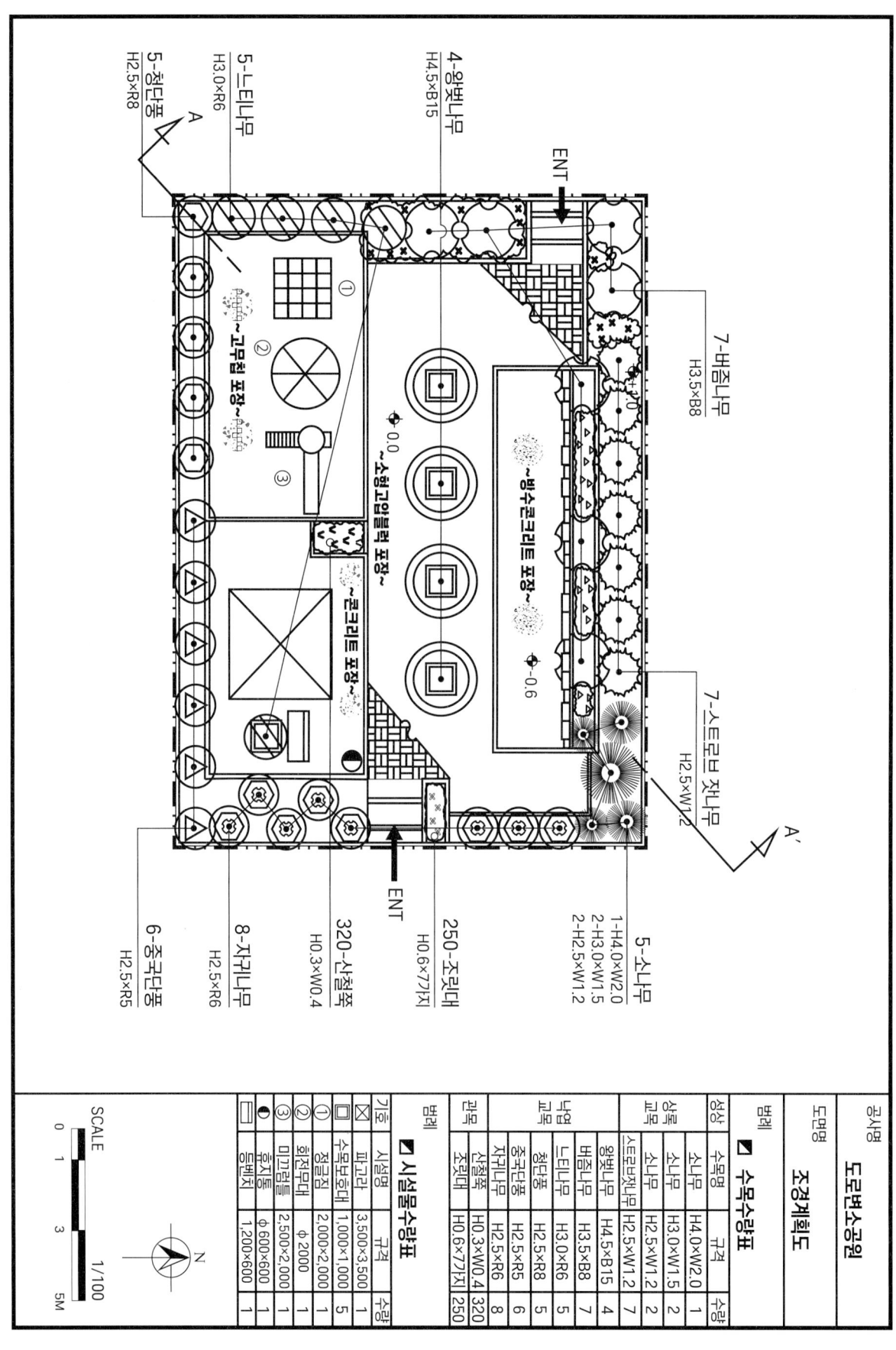

(5) 예시답안(단면도)

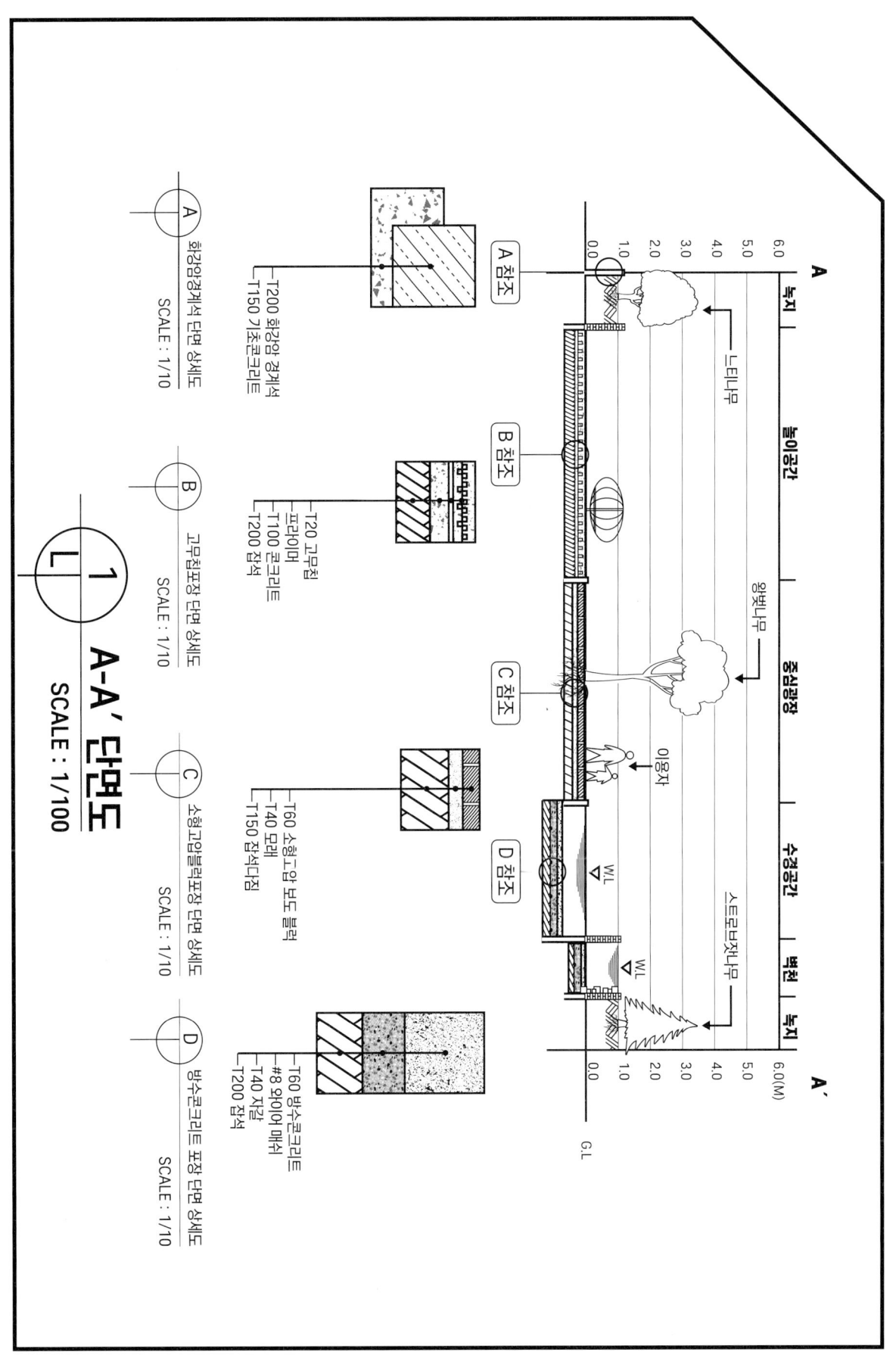

(6) 예시답안(실전 조경계획도)

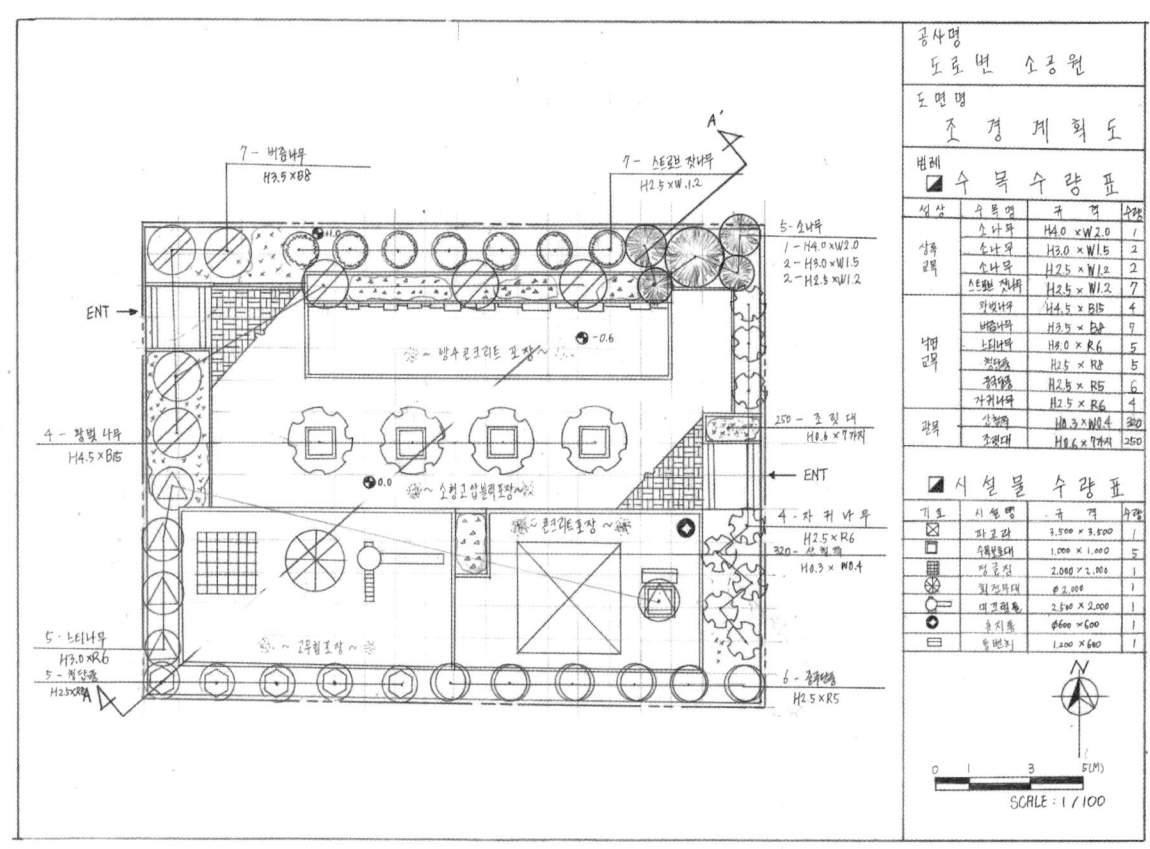

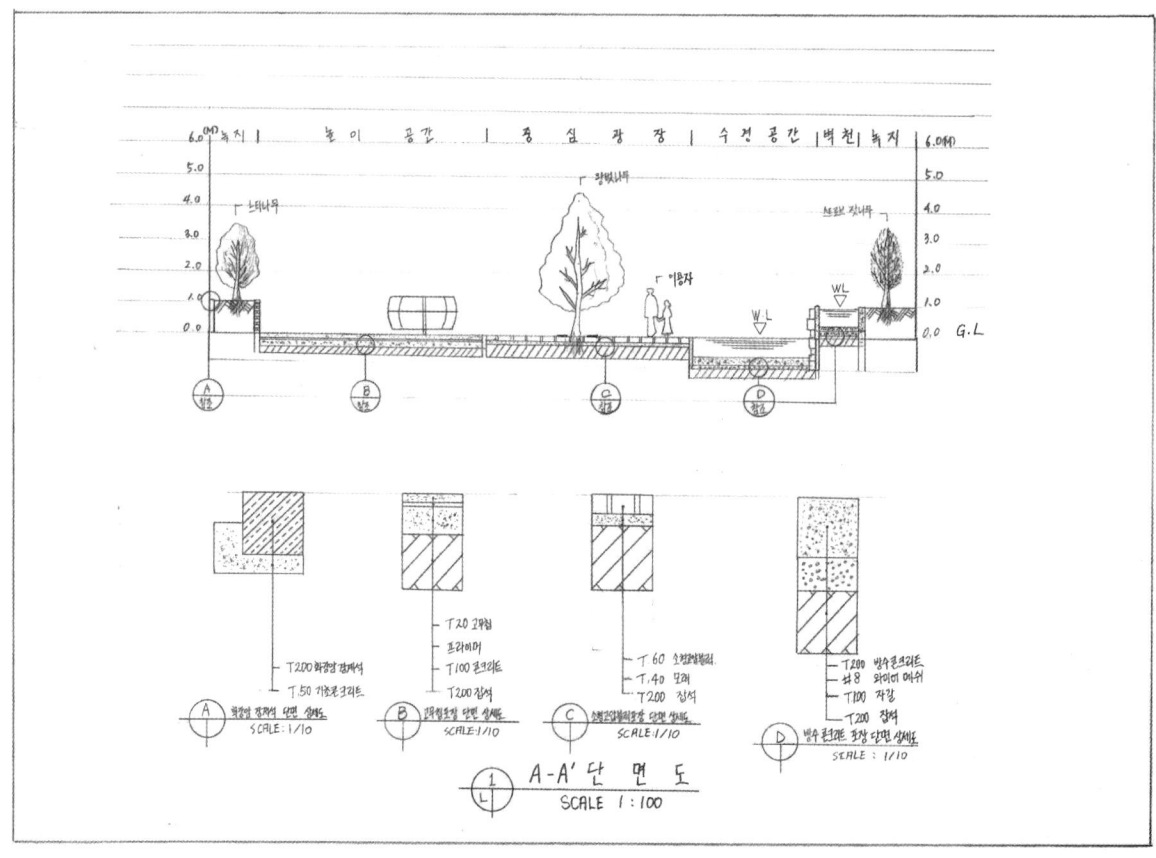

8. 공동주택 마운딩 광장

우리나라 중부 지역에 위치한 공동주택(아파트) 단지의 공지에 대한 조경설계를 하시오. 아래에 주어진 현황도와 설계조건을 참조하여 조경계획도를 작성하시오. (단, 2점 쇄선 안 부분이 조경설계 대상지이다)

(1) 현황도

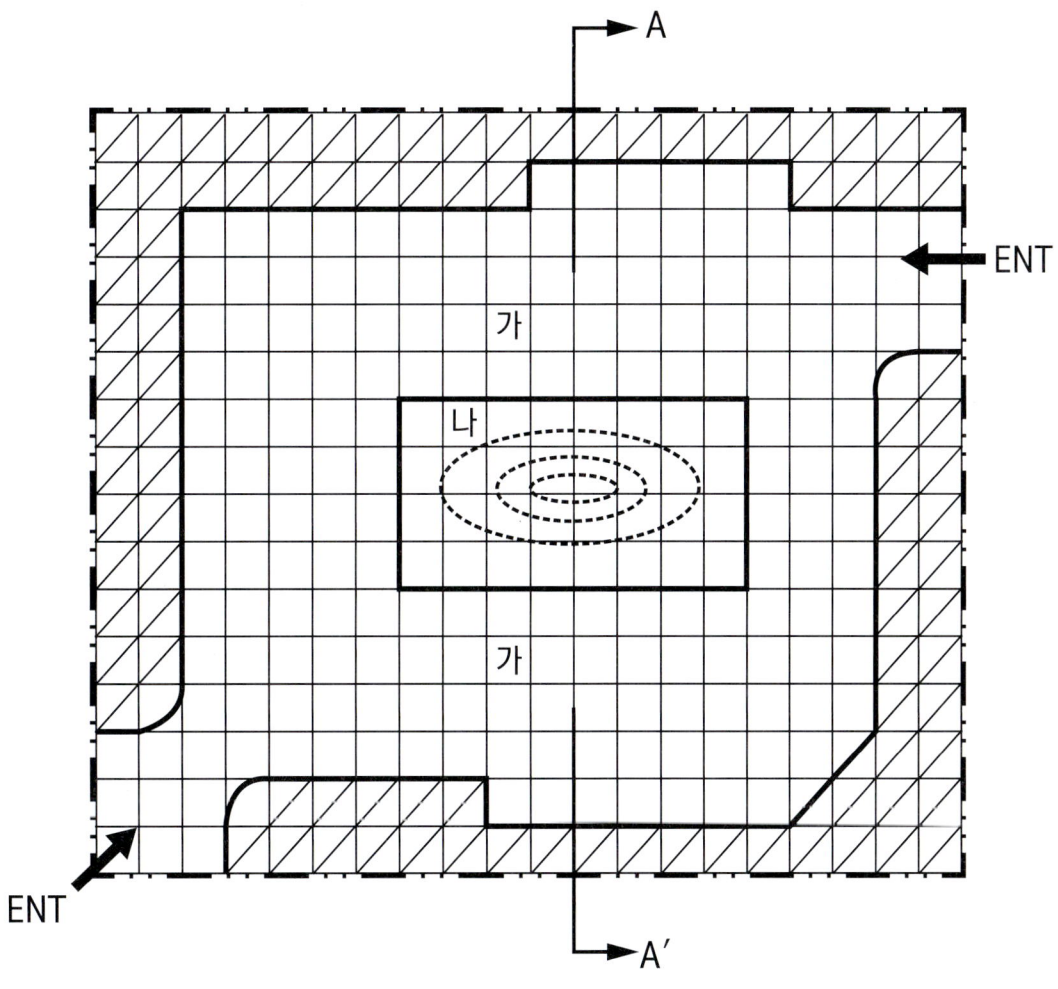

(2) 요구사항

① 식재 평면도를 위주로 한 조경계획도를 축척 1/100로 작성하시오.

② 작업 명칭은 "아파트 단지 휴게공간"으로 할 것

③ 도면 오른쪽에는 수목수량표와 시설물 수량표를 작성하되 규격과 단위, 수량을 반드시 표시하시오.

④ A-A' 단면도를 축척 1/100로 작성할 것

⑤ 막대축척과 방위표시를 반드시 표기할 것

⑥ 도면의 전체적인 안정감을 위해 테두리 선을 그리시오.

(3) 설계조건

① 해당 지역은 도심에 위치한 아파트 빈 공간을 활용한 조화롭고 안정감 있는 휴식 공간으로서의 특성을 고려하여 아래 사항을 참조하여 조경계획도를 작성하시오.
② "가" 지역은 이용자의 이동과 휴식을 위한 광장으로 적당한 크기의 정방형 쉘터 1개소와 퍼걸러 1개소, 수목보호대 7개소, 등벤치 7개소, 휴지통 3개를 설치하시오.
③ "나" 지역은 플랜트 박스(Plant Box) 형태의 위요공간으로 조성하되 등고선 간 높이 차이는 30cm로 할 것
④ "나" 지역에는 소나무군식을 포함한 3종 이상의 수목을 식재하여 계절감을 느낄 수 있도록 조성하시오.
⑤ 각 지역의 포장은 마사토, 소형고압블럭, 점토벽돌, 화강석 판석, 투수콘크리트, 콘크리트 등을 사용하며 반드시 기호와 명칭을 표시하시오.
⑥ 대상지 내 외곽 녹지는 유도식재, 녹음식재, 유도식재, 경관식재 등의 식재 패턴을 적절하게 배식하시오.
⑦ 수목은 종류가 다른 10가지를 선정하여 식재를 계획하고 수목인출선을 사용하여 수목명과 규격, 수량을 반드시 표기하시오.

> 소나무(H4.0×W2.0), 소나무(H3.0×W1.5), 소나무(H2.5×W1.0), 향나무(H4.0×W1.8),
> 스트로브잣나무(H2.5×W1.2), 스트로브잣나무(H2.0×W1.0), 왕벚나무(H4.5×B15),
> 버즘나무(H3.5×B8), 산사나무(H2.5×R6), 느티나무(H3.0×R6), 청단풍(H4.0×R20),
> 중국단풍(H2.5×R7), 자귀나무(H2.5×R6), 산딸나무(H3.0×R8), 회양목(H0.3×W0.3),
> 산수유(H2.5×R7), 꽃사과(H2.5×R5), 수수꽃다리(H1.5×W0.6), 조팝나무(H0.6×W0.3),
> 병꽃나무(H1.0×W0.4), 쥐똥나무(H1.0×W0.3), 명자나무(H0.6×W0.4), 산철쭉(H0.3×W0.4),
> 명자나무(H0.6×W0.4), 자산홍(H0.4×W0.4), 영산홍(H0.4×W0.3), 황매화(H1.0×W0.4),
> 조릿대(H0.6×8가지), 맥문동(H0.2×5포기)

⑧ A-A' 단면도에는 경계석, 포장재료, 주변의 수목과 시설물, 이용자, 높이 차 등을 반드시 표시하시오.

(4) 예시답안(평면도)

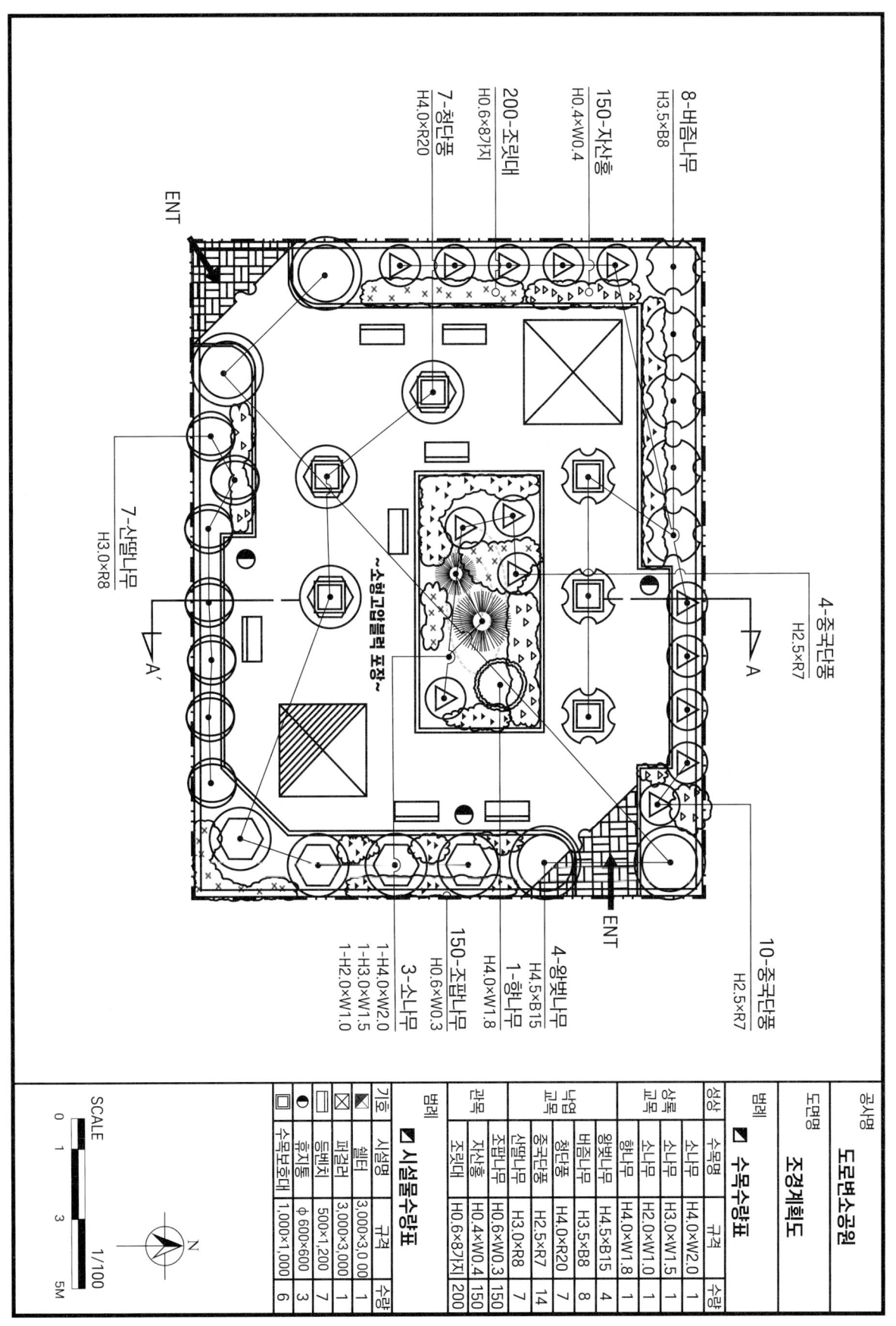

(5) 예시답안(단면도)

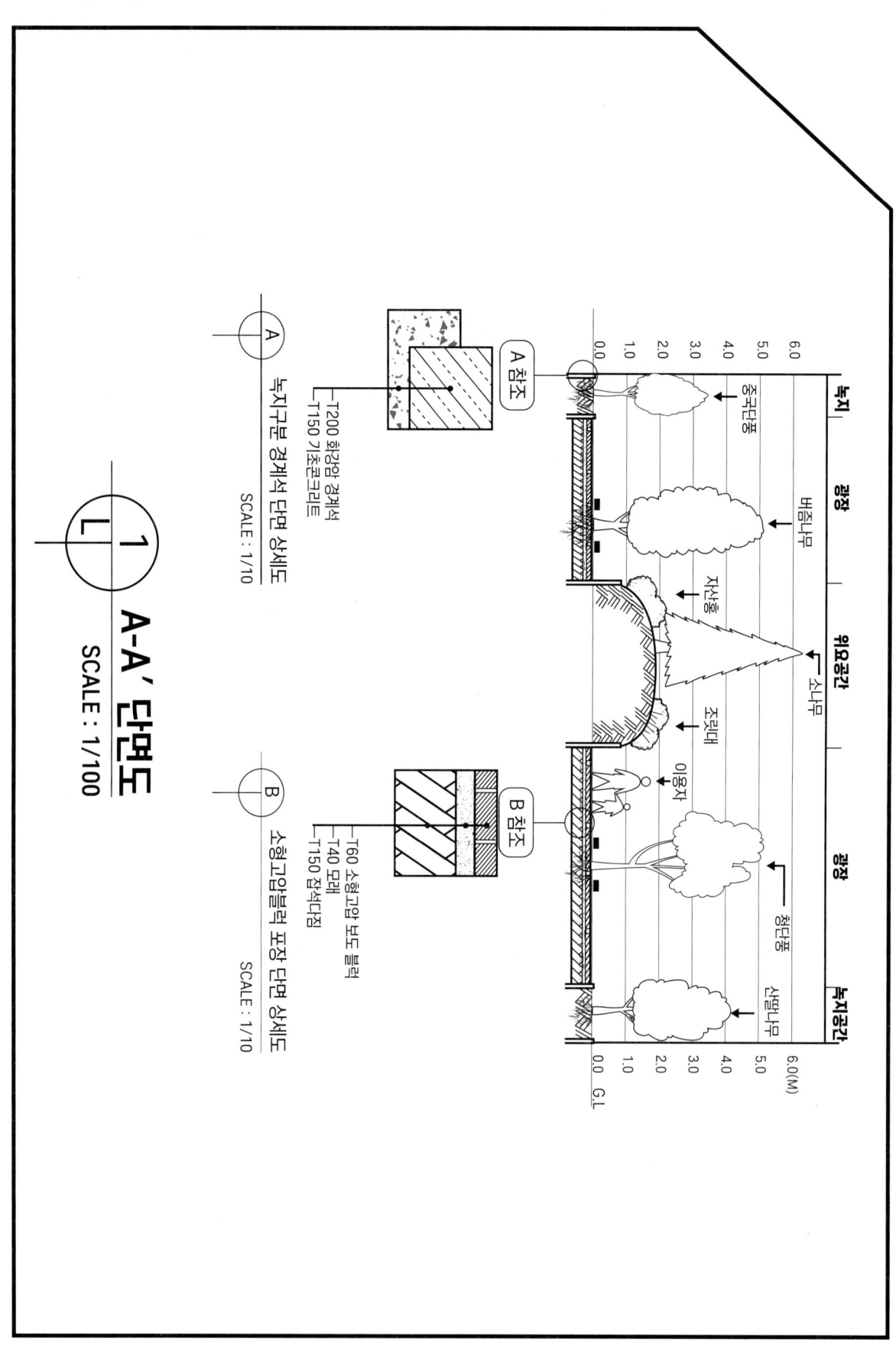

(6) 예시답안(실전 조경계획도)

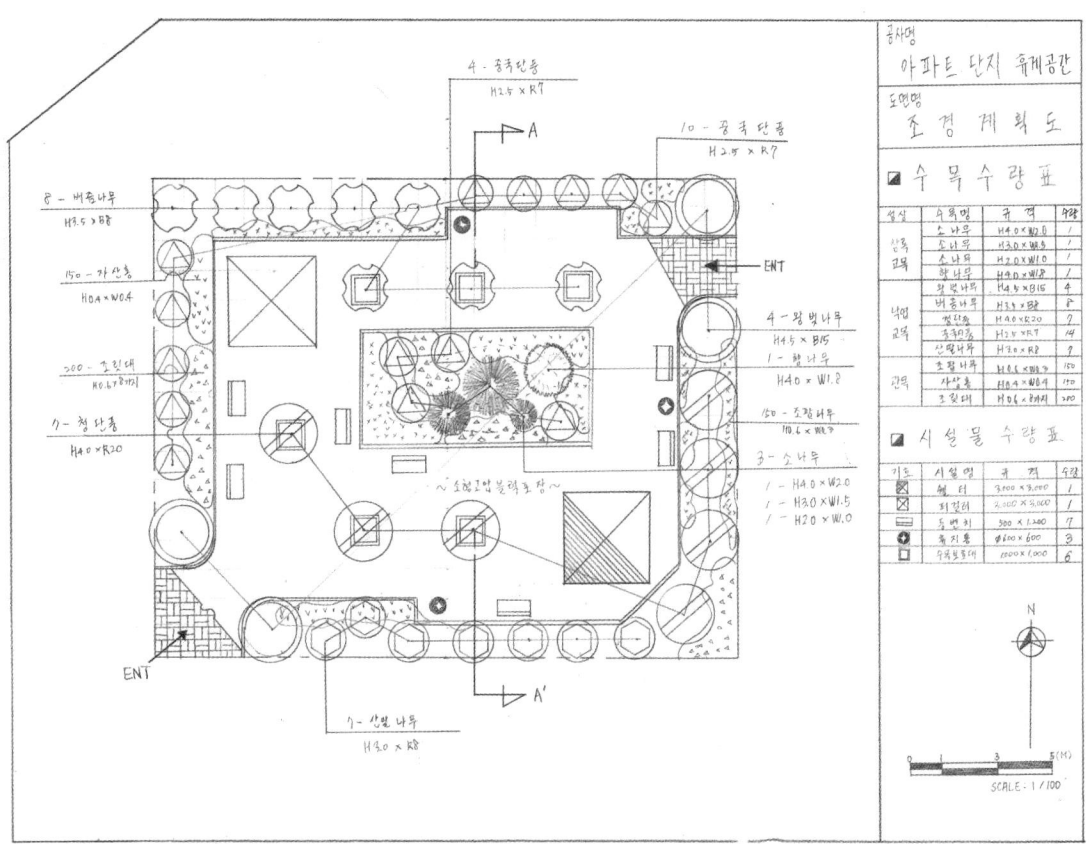

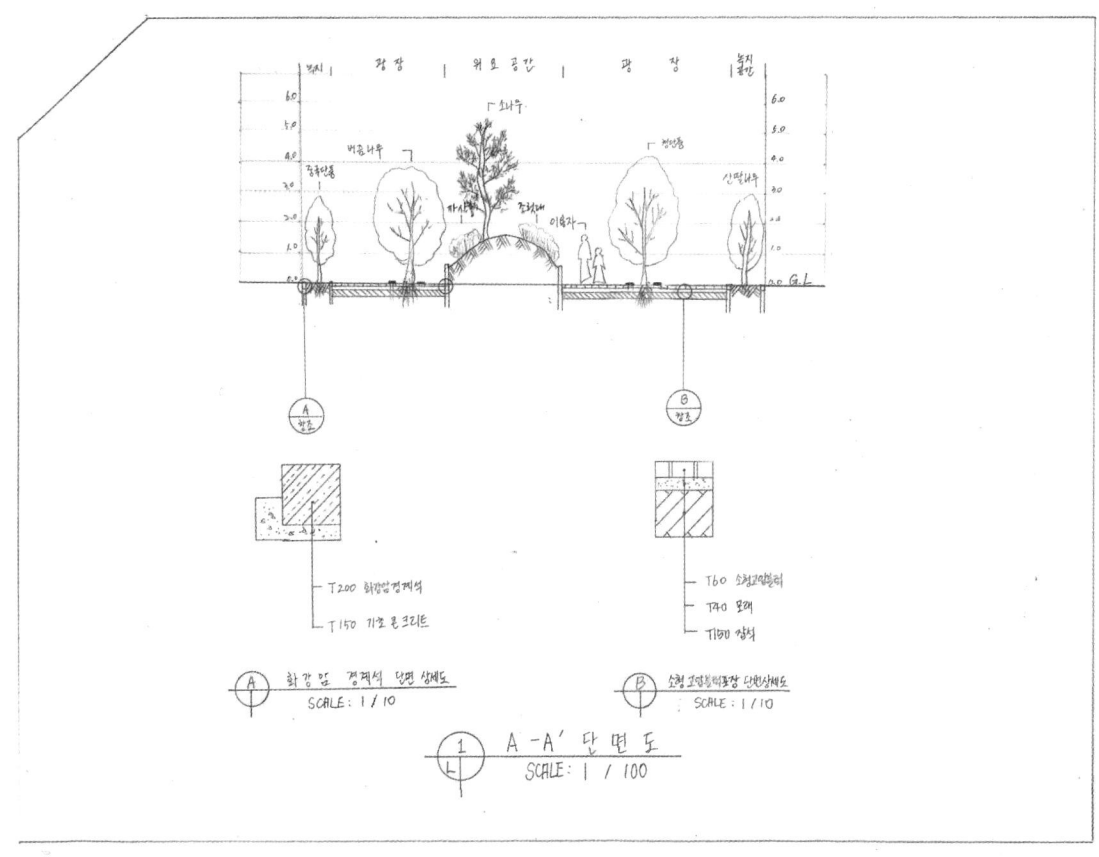

9. 다수의 마운딩과 복합놀이시설 / 숨은 놀이공간

문제분석 영상 바로가기   해설 영상 바로가기

우리나라 중부지역에 위치한 도로변 빈공간의 조경 설계를 하고자 한다. 현황도와 아래 사항을 참고하여 계 조건에 따라 조경 계획도를 작성하시오. (단, 이점 쇄선 안쪽이 조경설계의 대상지이며 빗금 친 부분은 녹지공간이다)

(1) 현황도

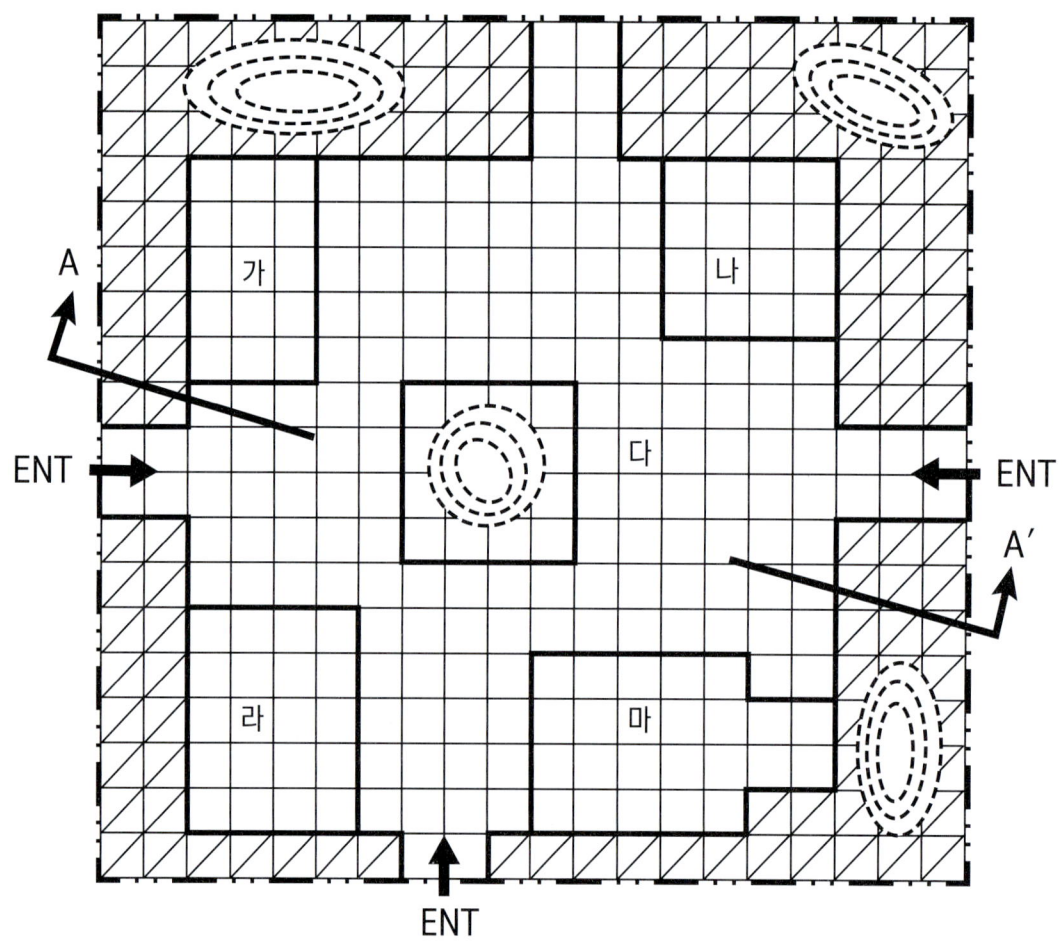

(2) 요구사항

① 우리나라 중부지역 도로변 소공원으로 휴식과 놀이, 운동 등을 즐길 수 있도록 조성하며, 식재평면도를 위주로 한 조경계획도를 축척 1/100로 작성하시오.

② 도면의 오른쪽에는 작업 명칭과 수목 수량표, 시설물 수량표를 반드시 작성하시오.

③ 수량표 아래쪽에 방위표시와 막대축척을 반드시 작성할 것

④ 도면의 안정감을 위해 테두리 선을 작성할 것

⑤ A-A' 단면도를 축척 1/100로 작성할 것

⑥ 단면도 상에는 주요 시설물 및 포장재료와 단면, 주변 수목, 높이 차 등을 반드시 표시할 것

(3) 설계조건

① 대상 지역은 도심지역 도로변 공간을 이용한 휴식 및 어린이 놀이공간으로 이에 알맞은 특성을 고려하여 조경계획도를 작성하시오.

② "가", "나", "라" 공간은 어린이를 위한 숨은 놀이공간으로 계획하시오.

③ "다" 공간은 어린이 놀이공간으로 종합놀이시설로 3면 미끄럼대와 3연식 철봉을 포함하여 설계하고, 대상지 변에 수목보호대 3개소를 설치하시오.

④ "마" 공간은 휴식 공간으로 퍼걸러(3,000×3,000mm) 1개소와 등벤치 및 휴지통을 적절히 배치하시오.

⑤ 각 공간의 포장은 점토벽돌, 콘크리트, 데크, 고무칩, 마사토 등 절한 재료를 사용하고 기호와 포장명을 반드시 기입하시오.

⑥ 대상지 내 식재는 소나무 군식, 유도식재, 녹음식재, 경관식재의 식재 패턴을 필요한 곳에 배식하고, 대상지 내 마운딩의 등고선 1개당 높이는 25cm 정도로 계획하시오.

⑦ 수목은 종류가 다른 10가지 이상을 선정하여 식재를 계획하고, 출선을 사용하여 수목의 명칭, 수량, 규격을 반드시 표기하시오.

소나무(H4.0×W2.0), **소나무**(H3.0×W1.5), **소나무**(H2.5×W1.2), **스트로브잣나무**(H2.0×W1.5), **스트로브잣나무**(H2.0×W1.0), **왕벚나무**(H4.5×B15), **버즘나무**(H3.5×B8), **느티나무**(H4.5×R20), **청단풍**(H2.5×R8), **중국단풍**(H2.5×R5), **산딸나무**(H2.5×R5), **병꽃나무**(H1.0×W0.4), **쥐똥나무**(H1.0×W0.4), **명자나무**(H0.6×W0.4), **백철쭉**(H0.4×W0.4), **산철쭉**(H0.4×W0.5), **영산홍**(H0.4×W0.3), **개나리**(H1.2×5가지), **계수나무**(H2.5×R6), **꽃사과**(H2.5×R5), **자산홍**(H0.4×W0.3), **금목서**(H2.0×W1.0), **맥문동**(H0.2×5포기)

(4) 예시답안(평면도)

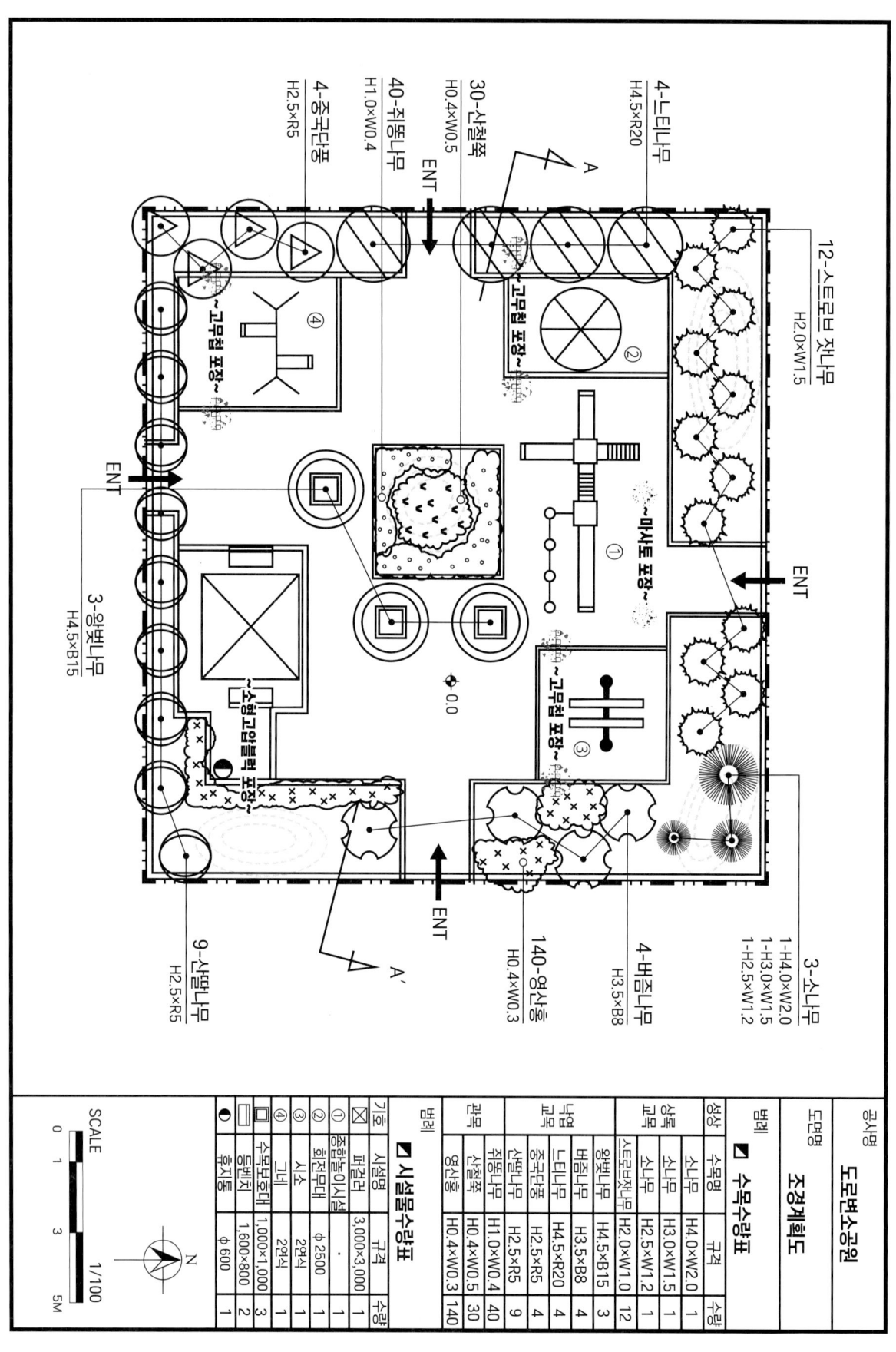

(5) 예시답안(단면도)

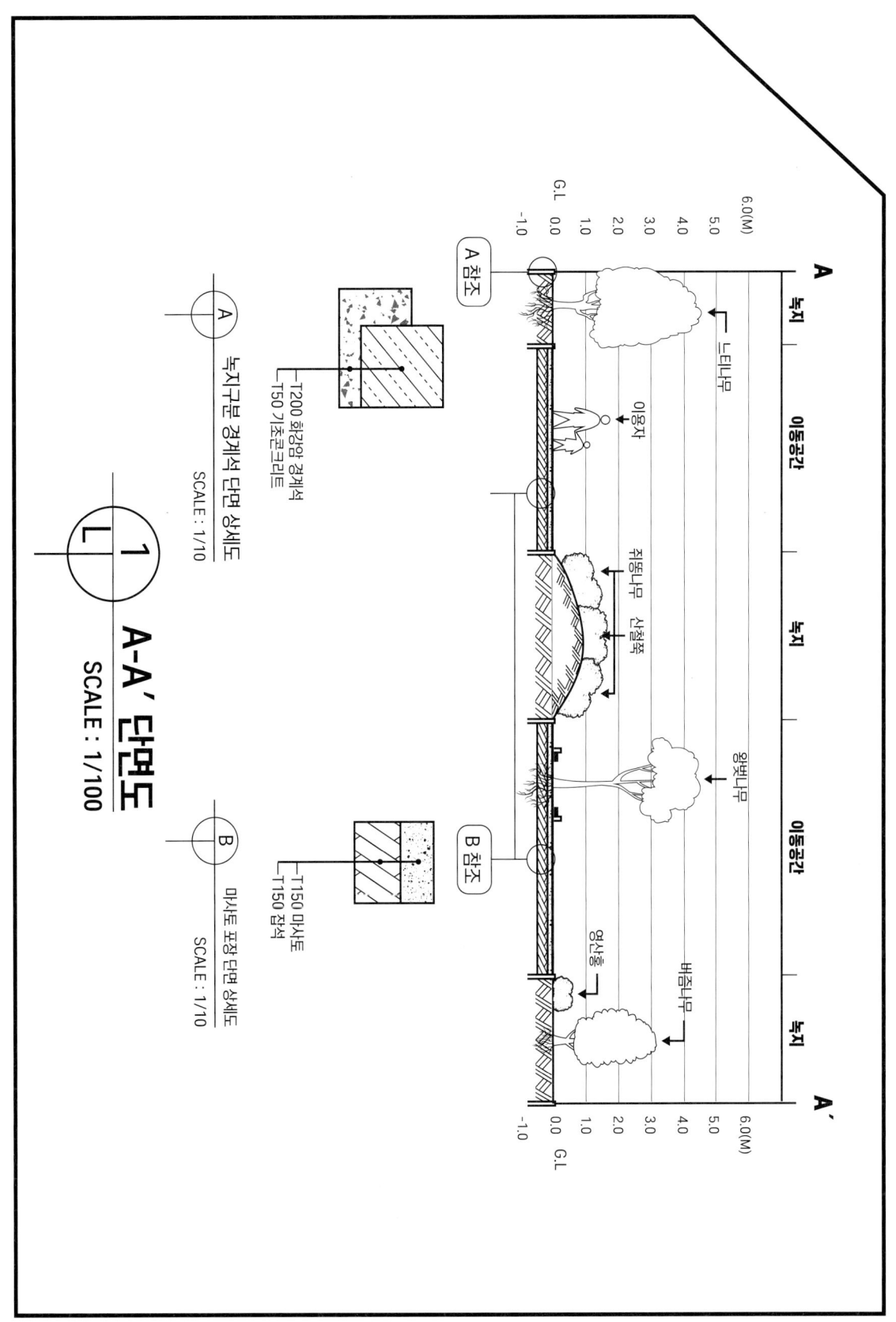

(6) 예시답안(실전 조경계획도)

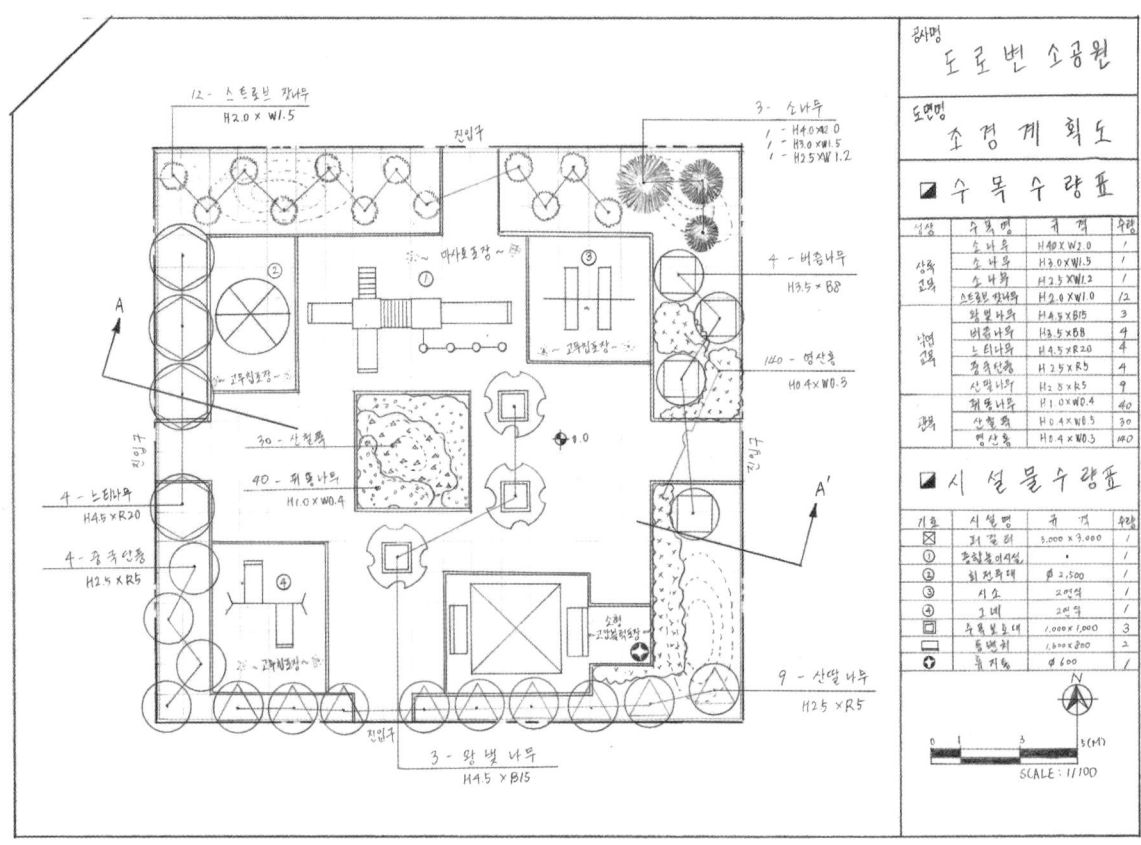

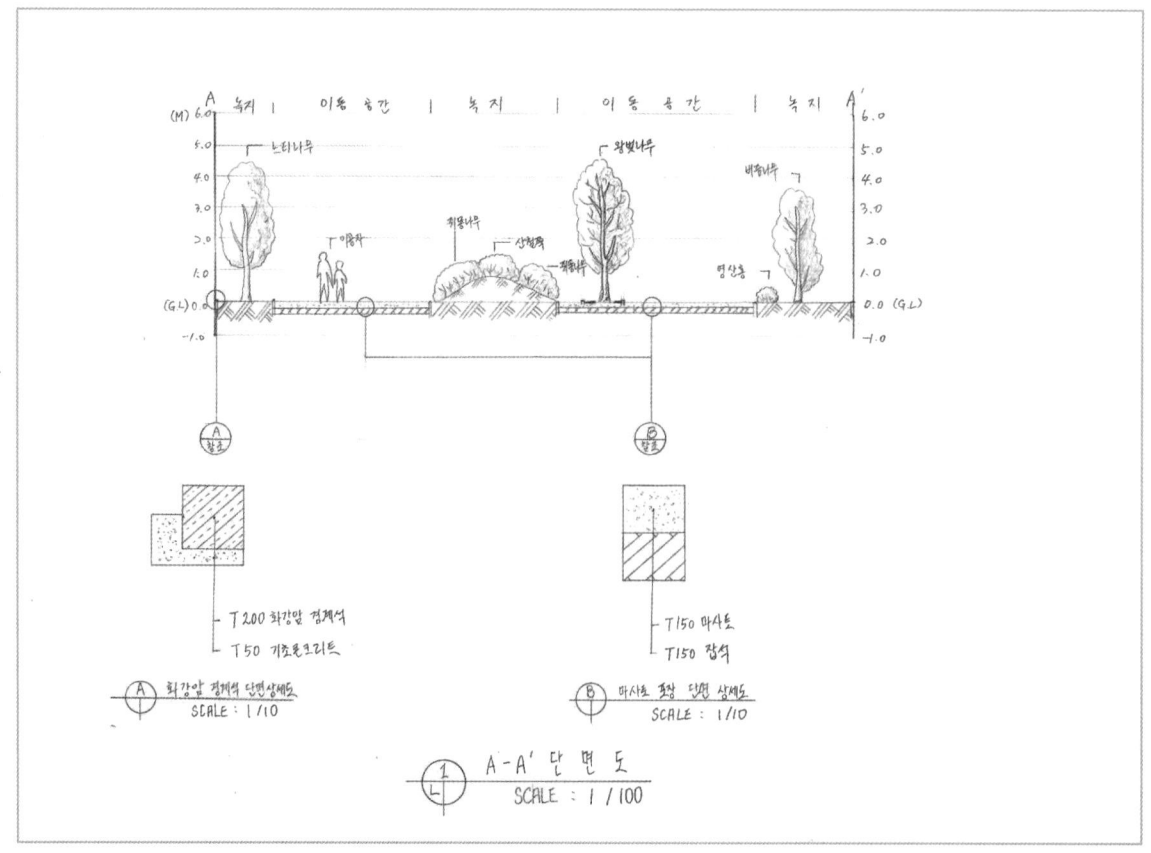

10. 도로변 소공원 / 도섭지 / 경사로(램프) 설치

우리나라 중부지역에 위치한 도로변 빈공간의 조경 설계를 하고자 한다. 현황도와 아래 사항을 참고하여 계 조건에 따라 조경 계획도를 작성하시오. (단, 이점 쇄선 안쪽이 조경설계의 대상지이며 빗금 친 부분은 녹지공간이다)

(1) 현황도

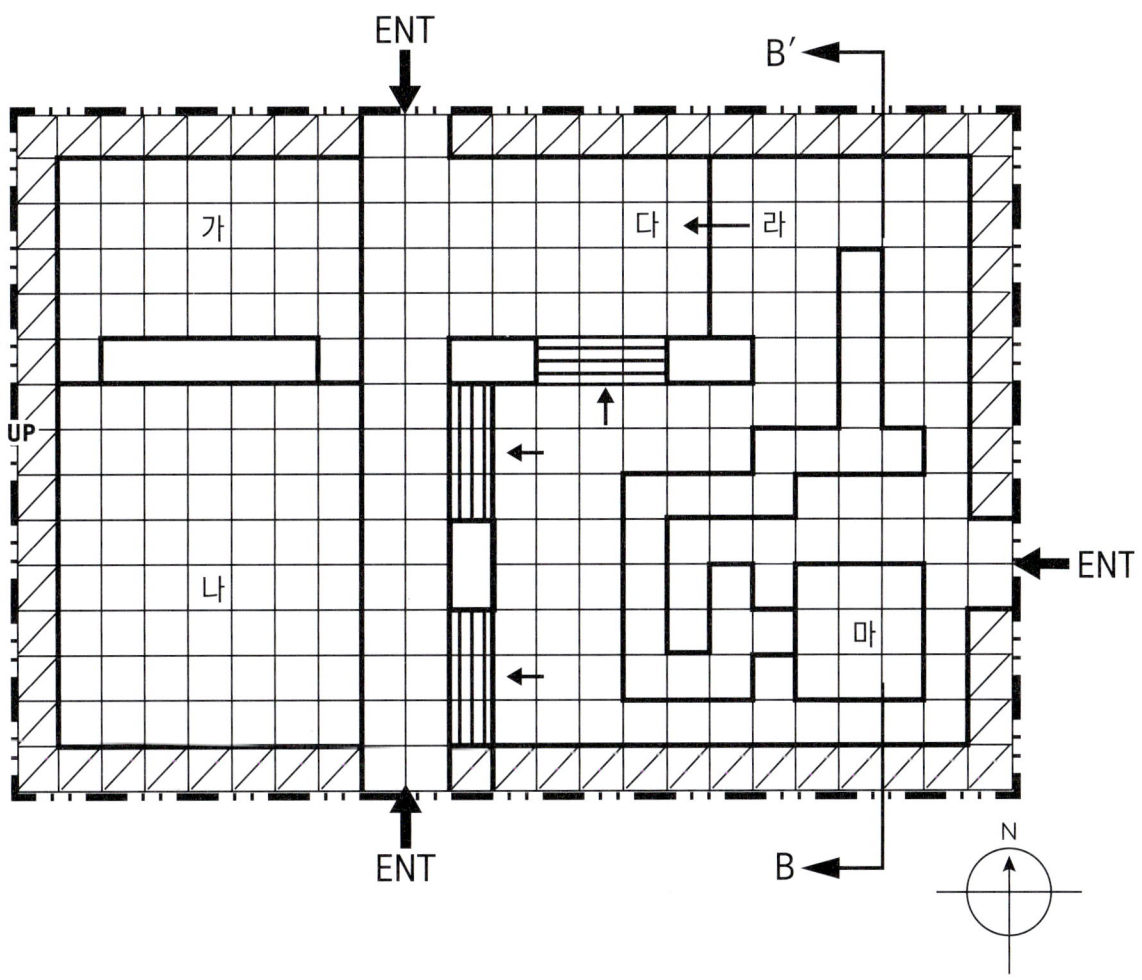

(2) 요구사항

① 식재 평면도를 위주로 한 조경계획도를 축척 1/100로 작성하시오.

② 작업명칭은 "도로변 소공원"으로 할 것

③ 도면 오른쪽에는 수목수량표와 시설물 수량표를 작성하되 규격과 수량을 반드시 표시하시오.

④ B-B' 단면도를 축척 1/100로 작성할 것

⑤ 막대축척과 방위표시를 반드시 표기할 것

⑥ 도면의 전체적인 안정감을 위해 테두리 선을 그리시오.

(3) 설계 조건

① 해당지역은 도심에 위치한 빈 공간을 활용한 휴게공간으로 아래 사항을 참조하여 조경계획도를 작성하시오.

② "가" 지역은 휴게공간으로 퍼걸러 1개소와 휴지통 1개를 설치하시오.

③ '나' 지역은 어린이 놀이 공간으로 놀이시설 3종과 평벤치 2개를 설치하고 고무칩 포장을 적용하시오.

④ "다" 지역은 이동 공간으로 수목보호대 2개, 등벤치 3개를 설치하고 보행 편의성을 고려하여 설계하시오.

⑤ "라" 지역은 연못과 도섭지가 있는 휴식 공간으로 수목보호대 3개, 등벤치 2개, 휴지통 2개를 설치하시오.

⑥ "다" 지역과 "라" 지역은 1m의 높이 차이가 있으며 북쪽에 장애인용 경사로(램프) 및 계단 3개소를 설치하여 이동할 수 있도록 계획하고, 계단 사이에는 1m 높이의 식수대(Plant Box)를 설치하여 관목류를 식재하시오.(현황도에 명시되지 않은 내용은 수험자의 판단에 의할 것)

⑦ "마" 지역은 수경공간으로 1m 깊이로 조성하고 도섭지는 안전을 위해 0.3m 깊이로 조성하고 육각쉘터 (2,300×2,300×H3,000)를 설치하되 지붕의 50%가 수공간 위에 위치하여 그늘을 제공할 수 있도록 조성하시오.

⑧ 각 지역의 포장은 콘크리트, 마사토, 고무칩, 콘크리트, 투수콘크리트, 소형고압블럭, 점토벽돌, 화강석 블럭 등을 사용하여 적용하며 반드시 기호와 명칭을 표시하시오.

⑨ 대상지 내 유도식재, 녹음식재, 유도식재, 경관식재 등의 식재 패턴을 필요한 곳에 배식하시오.

⑩ 수목은 종류가 다른 10가지를 선정하여 식재를 계획하고 인출선을 사용하여 수목명과 규격, 수량을 반드시 표기하시오.

> 소나무(H4.0×W2.0), 소나무(H3.0×W1.5), 소나무(H2.5×W1.2), 스트로브잣나무(H2.5×W1.2),
> 스트로브잣나무(H2.0×W1.0), 왕벚나무(H4.5×B15), 버즘나무(H3.5×B8), 산사나무(H2.5×R6),
> 느티나무(H4.5×R20), 청단풍(H2.5×R), 중국단풍(H2.5×R5), 자귀나무(H2.5×R6),
> 산딸나무(H2.0×R5), 회양목(H0.3×W0.3), 산수유(H2.5×R7), 꽃사과(H2.5×R5),
> 수수꽃다리(H1.5×W0.6), 병꽃나무(H1.0×W0.4), 쥐똥나무(H1.0×W0.3), 명자나무(H0.6×W0.4),
> 산철쭉(H0.4×W0.3), 명자나무(H0.6×W0.4), 자산홍(H0.3×W0.3), 영산홍(H0.4×W0.3),
> 황매화(H1.0×W0.4), 조릿대(H0.6×7가지), 맥문동(H0.2×5포기)

⑪ B-B' 단면도에는 경계석, 포장재료, 수목, 시설물, 이용자, 높이 차 등을 반드시 표시하시오.

(4) 예시답안(평면도)

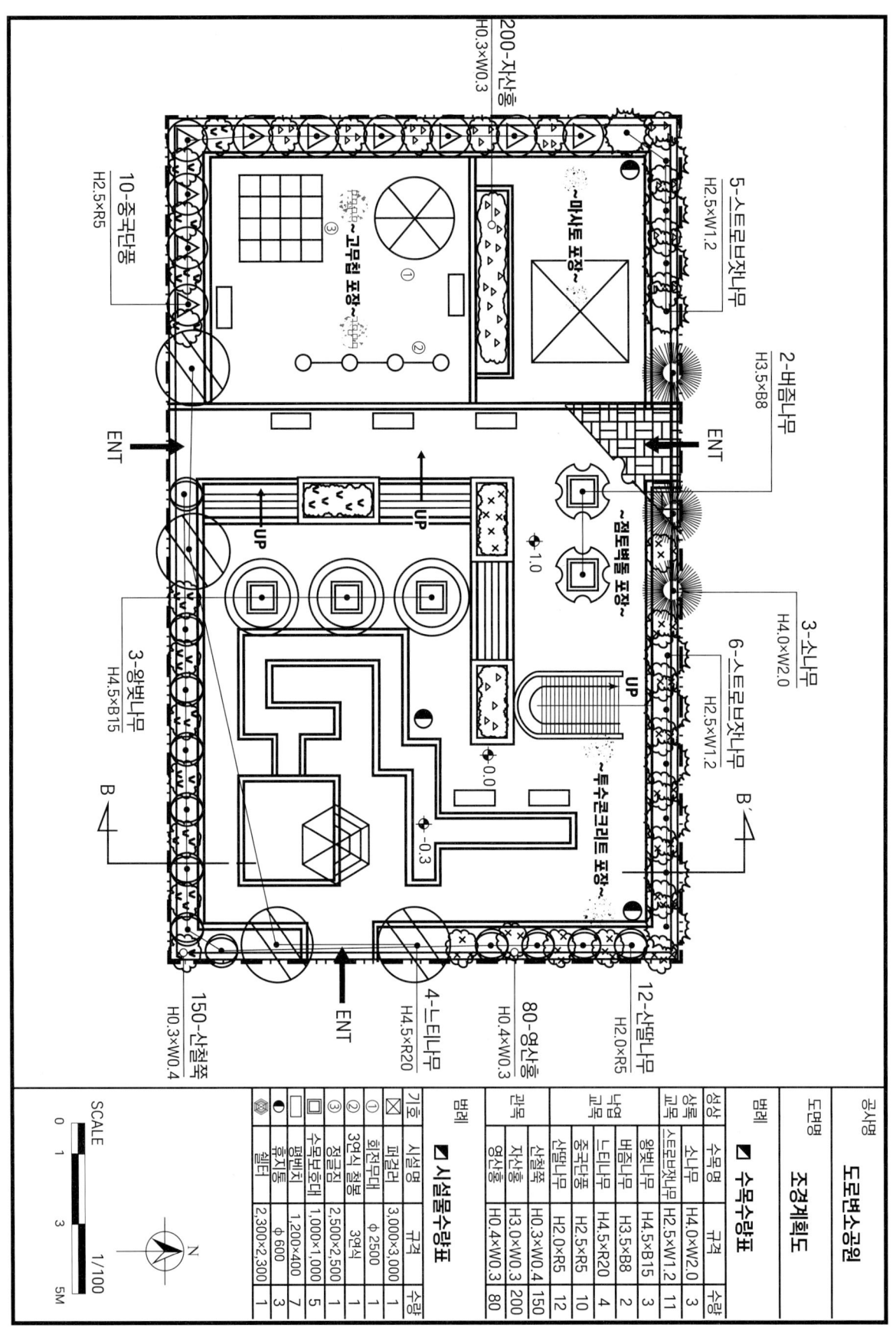

(5) 예시답안(단면도)

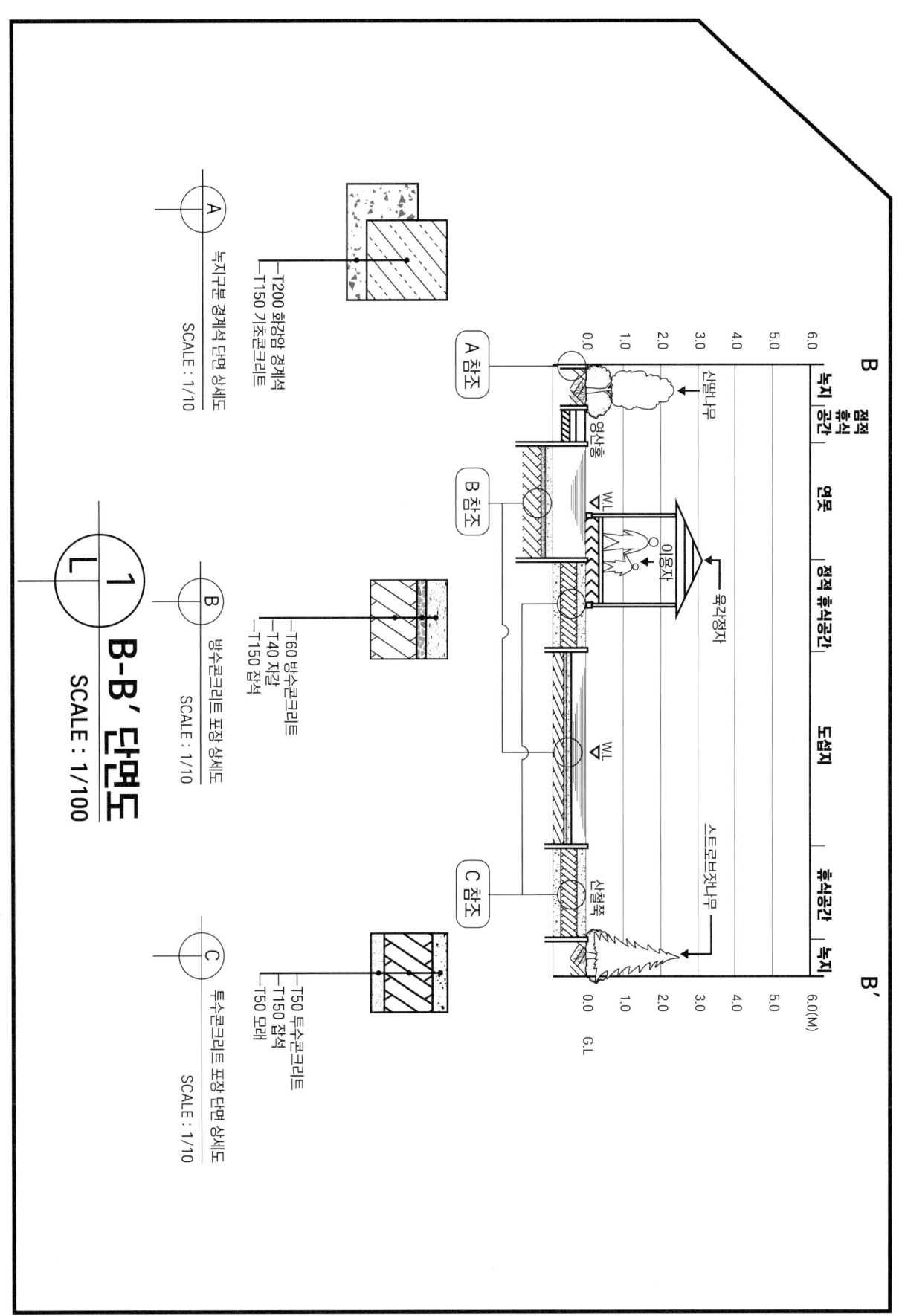

(6) 예시답안(실전 조경계획도)

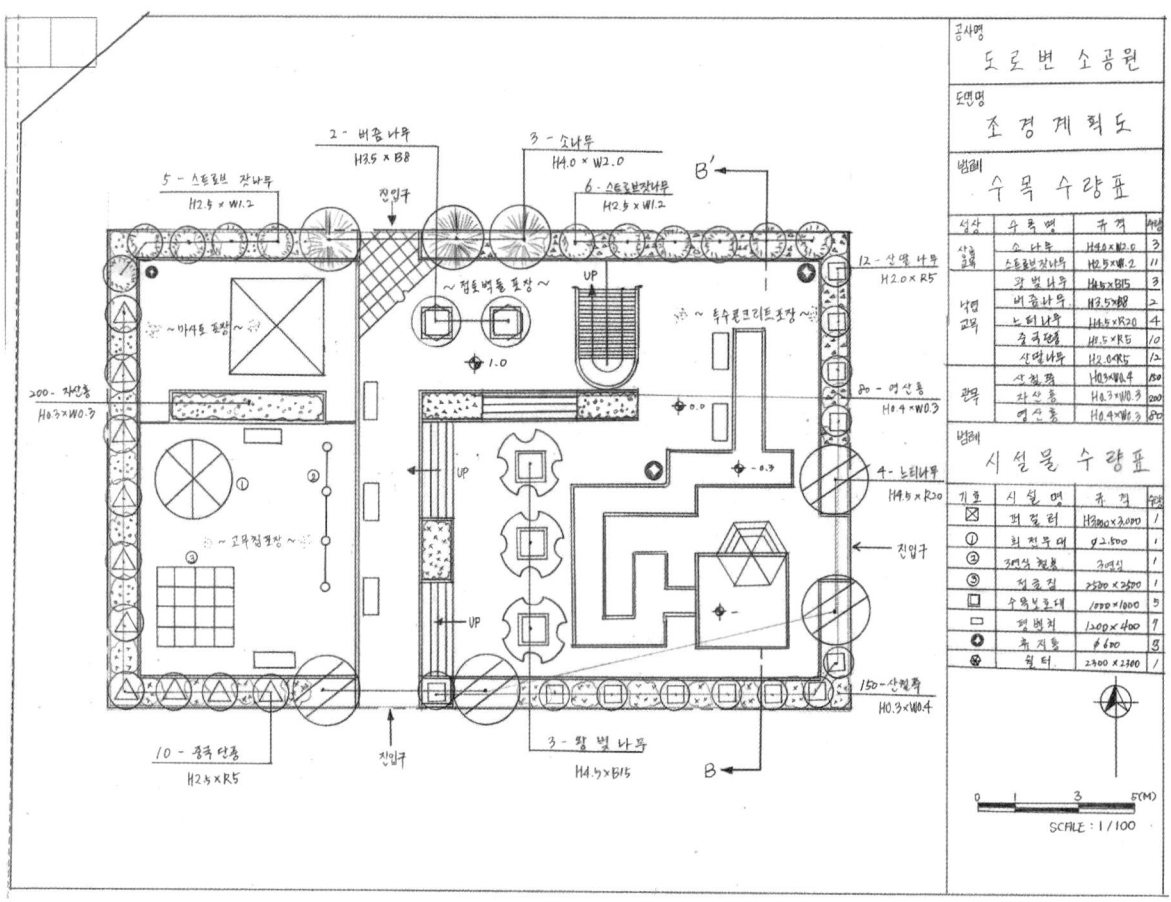

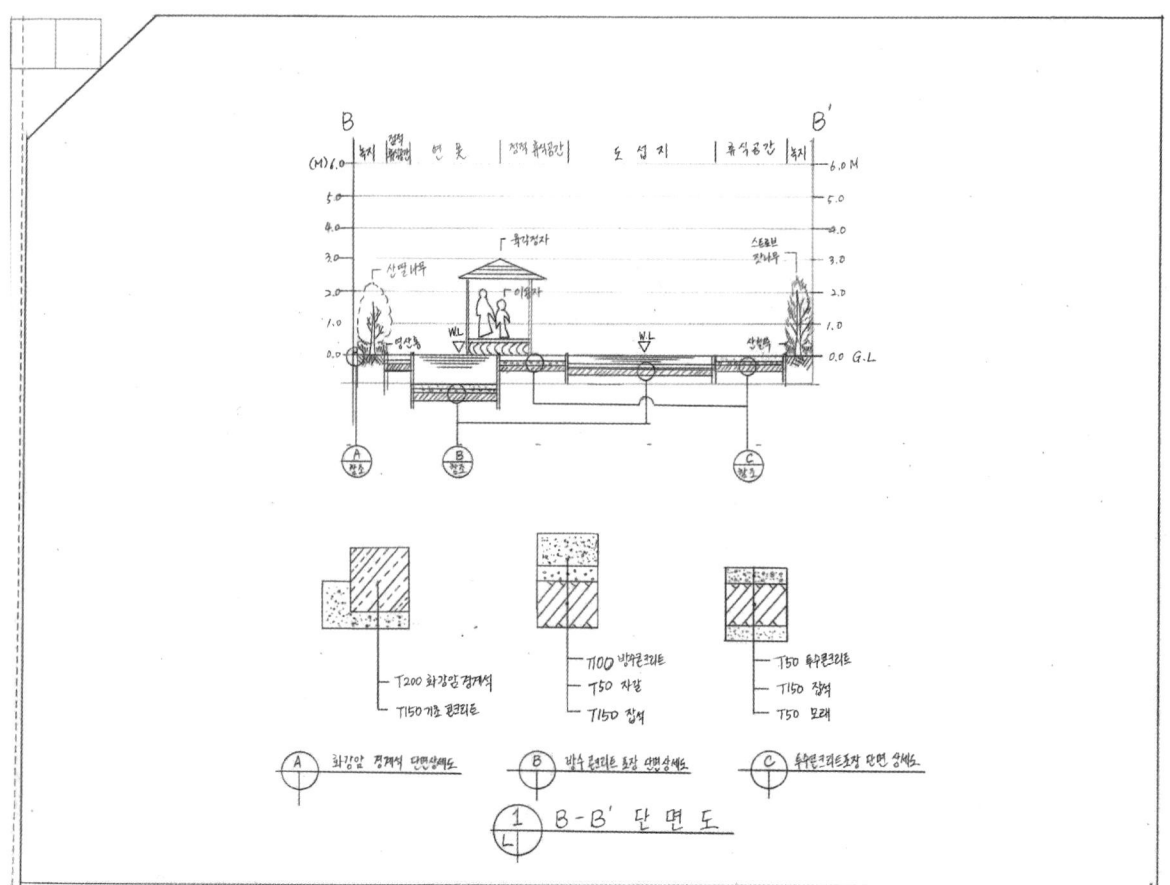

11. 도로변 소공원 / 다리가 설치된 연못

우리나라 중부지역에 위치한 도로변 빈공간의 조경 설계를 하고자 한다. 현황도와 아래 사항을 참고하여 계 조건에 따라 조경 계획도를 작성하시오. (단, 이점 쇄선 안쪽이 조경설계의 대상지이며 빗금 친 부분은 녹지공간이다)

(1) 현황도

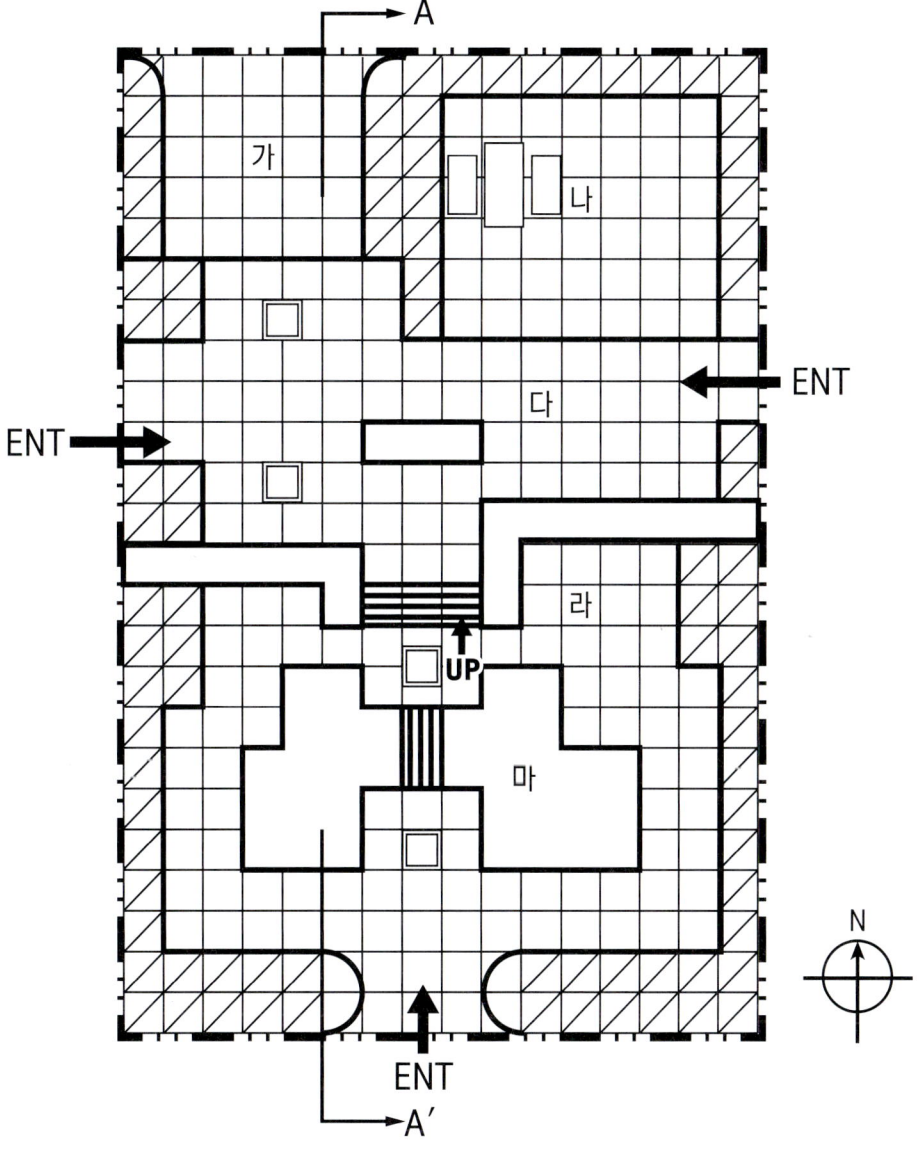

(2) 요구사항

① 식재 평면도를 위주로 한 조경계획도를 축척 1/100로 작성하시오.

② 작업명칭은 "도로변 소공원"으로 할 것

③ 도면 오른쪽에는 수목수량표와 시설물 수량표를 작성하되 규격과 수량을 반드시 표시하시오.

④ A - A' 단면도를 축척 1/100로 작성할 것

⑤ 막대축척과 방위표시를 반드시 표기할 것

⑥ 도면의 전체적인 안정감을 위해 테두리 선을 그리시오.

(3) 설계조건

① 해당 지역은 도심에 위치한 빈 공간을 활용한 휴식 공간으로 아래 사항을 참조하여 조경계획도를 작성하시오.

② "가" 지역은 주차 공간으로 소형자동차 2대 (주차면 규격 : 폭 2,500mm × 길이 5,000mm)가 주차할 수 있도록 하시오.

③ '나' 지역은 휴게공간으로 파고라 1개소와 벤치형 의자가 딸린 테이블 1개를 설치하고 마사토 포장을 적용하시오.

④ "다" 지역은 이동 및 보행 공간으로 "라" 지역보다 1m 높게 조성하고 추가로 수목보호대 3개와 평벤치 1개, 휴지통 2개를 적절한 위치에 설치하시오.

⑤ "라" 지역은 연못과 도섭지가 있는 휴식 공간으로 수경공간 주변부로 투수콘크리트로 포장하며, 이용자의 편의를 위해 평벤치 6개소와 휴지통 2개를 추가로 설치하시오.

⑥ "마" 지역은 수경공간으로 0.6m 깊이로 조성하고 이용자들이 다리를 이용해 편리하게 경관을 조망하며 산책할 수 있도록 조성하시오.

⑦ 각 지역의 포장은 콘크리트, 마사토, 고무칩, 콘크리트, 투수콘크리트, 소형고압블럭, 점토벽돌, 화강석 블럭 등을 사용하여 적용하며 반드시 기호와 명칭을 표시하시오.

⑧ 대상지 내 유도식재, 녹음식재, 유도식재, 경관식재 등의 식재 패턴을 필요한 곳에 배식하시오.

⑨ 수목은 종류가 다른 10가지를 선정하여 식재를 계획하고 인출선을 사용하여 수목명과 규격, 수량을 반드시 표기하시오.

> 소나무(H4.0×W2.0), 소나무(H3.0×W1.5), 소나무(H2.5×W1.2), 스트로브잣나무(H2.5×W1.2), 스트로브잣나무(H2.0×W1.0), 향나무(H2.5×W1.2), 왕벚나무(H4.5×B15), 단풍나무(H4.0×R20), 칠엽수(H3.5×R12), 이팝나무(H2.0×R4), 버즘나무(H3.5×B8), 산사나무(H2.5×R6), 느티나무(H3.0×R6), 청단풍(H2.5×R6), 중국단풍(H2.5×R5), 자귀나무(H2.5×R6), 산딸나무(H2.0×R5), 회양목(H0.3×W0.3), 산수유(H2.5×R7), 꽃사과(H2.5×R5), 수수꽃다리(H1.5×W0.6), 병꽃나무(H1.0×W0.4), 쥐똥나무(H1.0×W0.3), 명자나무(H0.6×W0.4), 산철쭉(H0.4×W0.5), 명자나무(H0.6×W0.4), 자산홍(H0.3×W0.3), 영산홍(H0.4×W0.3), 황매화(H1.0×W0.4), 조릿대(H0.6×8가지), 맥문동(H0.2×5포기)

⑩ A-A' 단면도에는 경계석, 포장재료, 수목, 시설물, 이용자, 높이 차 등을 반드시 표시하시오.

(4) 예시답안(평면도)

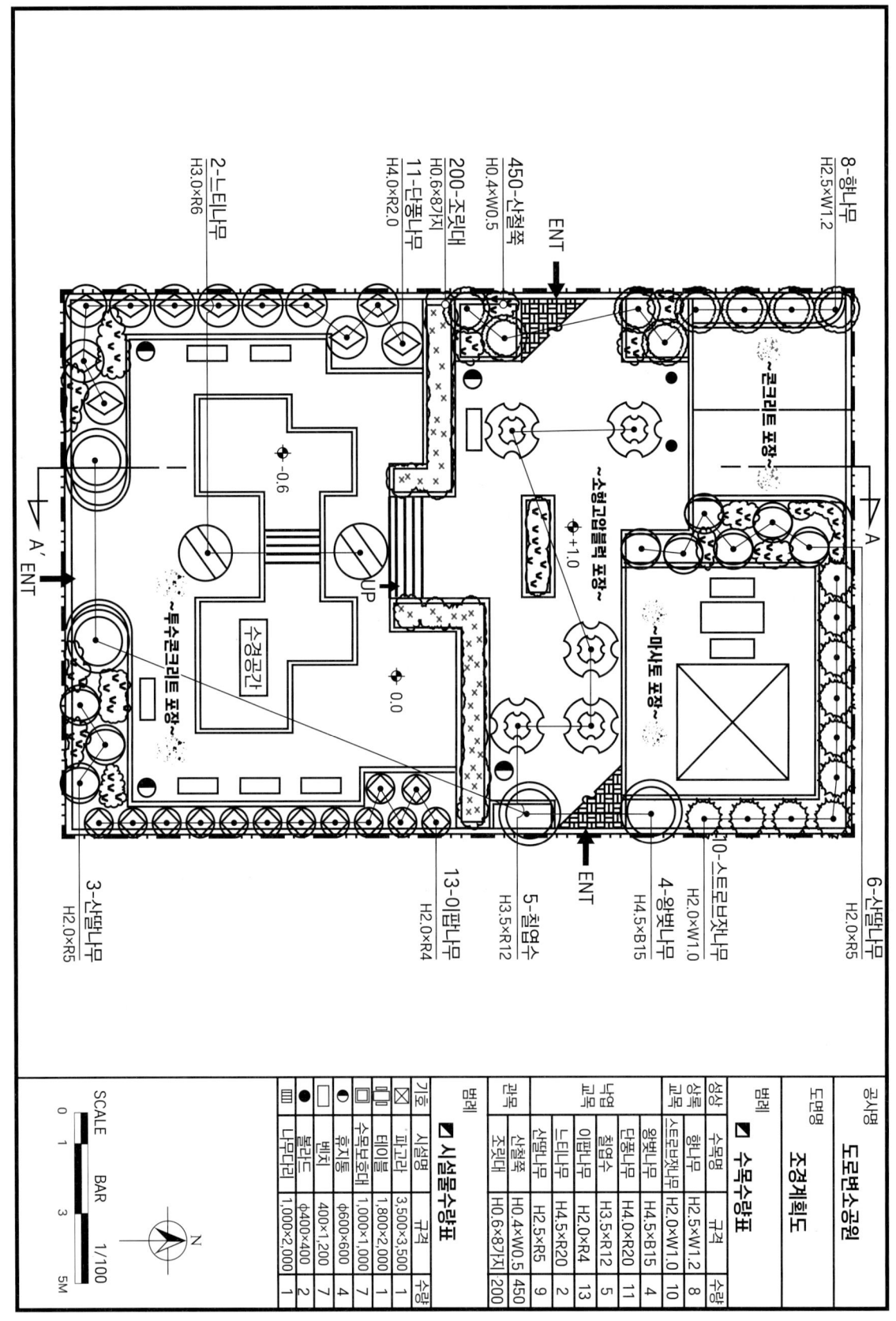

(5) 예시답안(단면도)

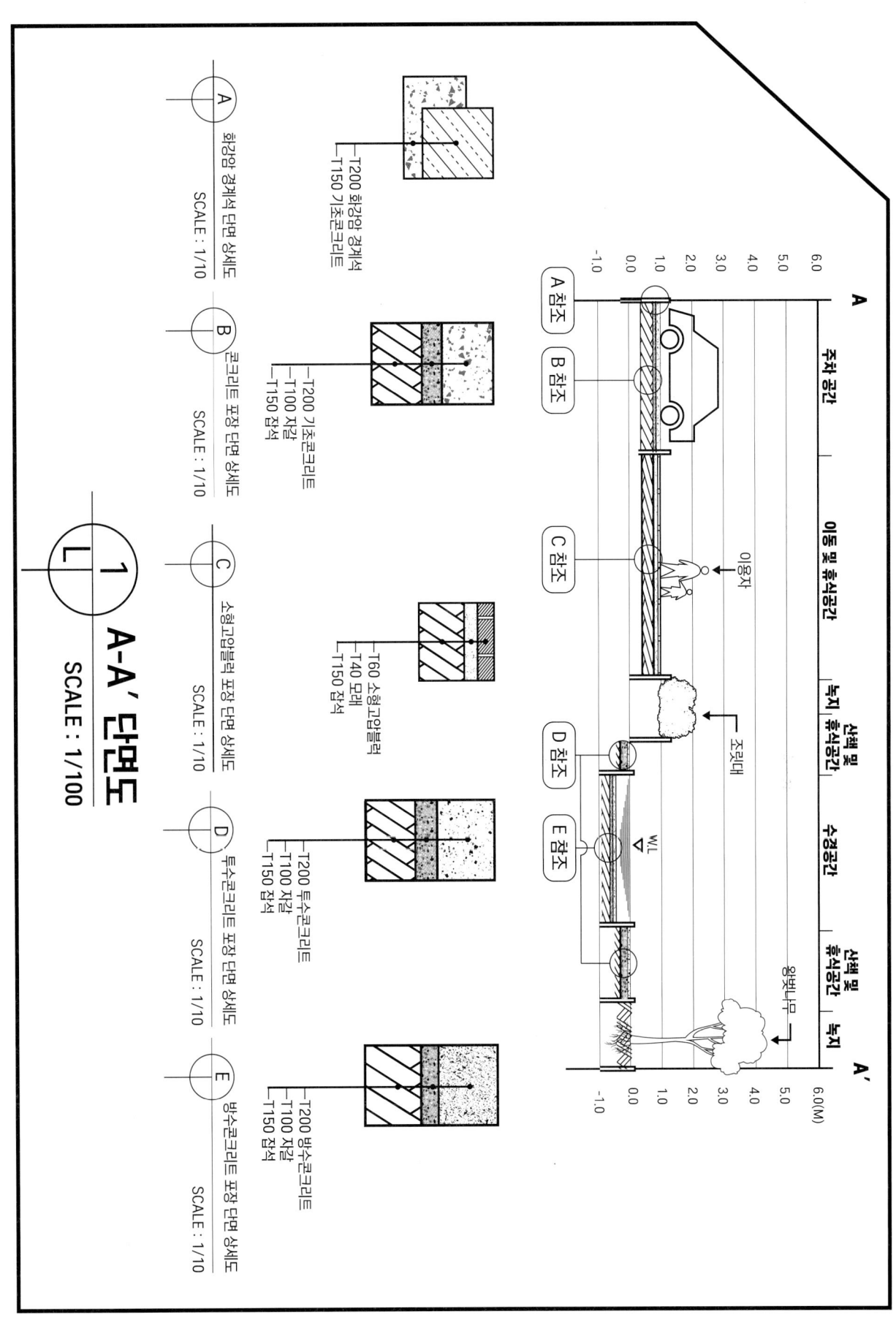

(6) 예시답안(실전 조경계획도)

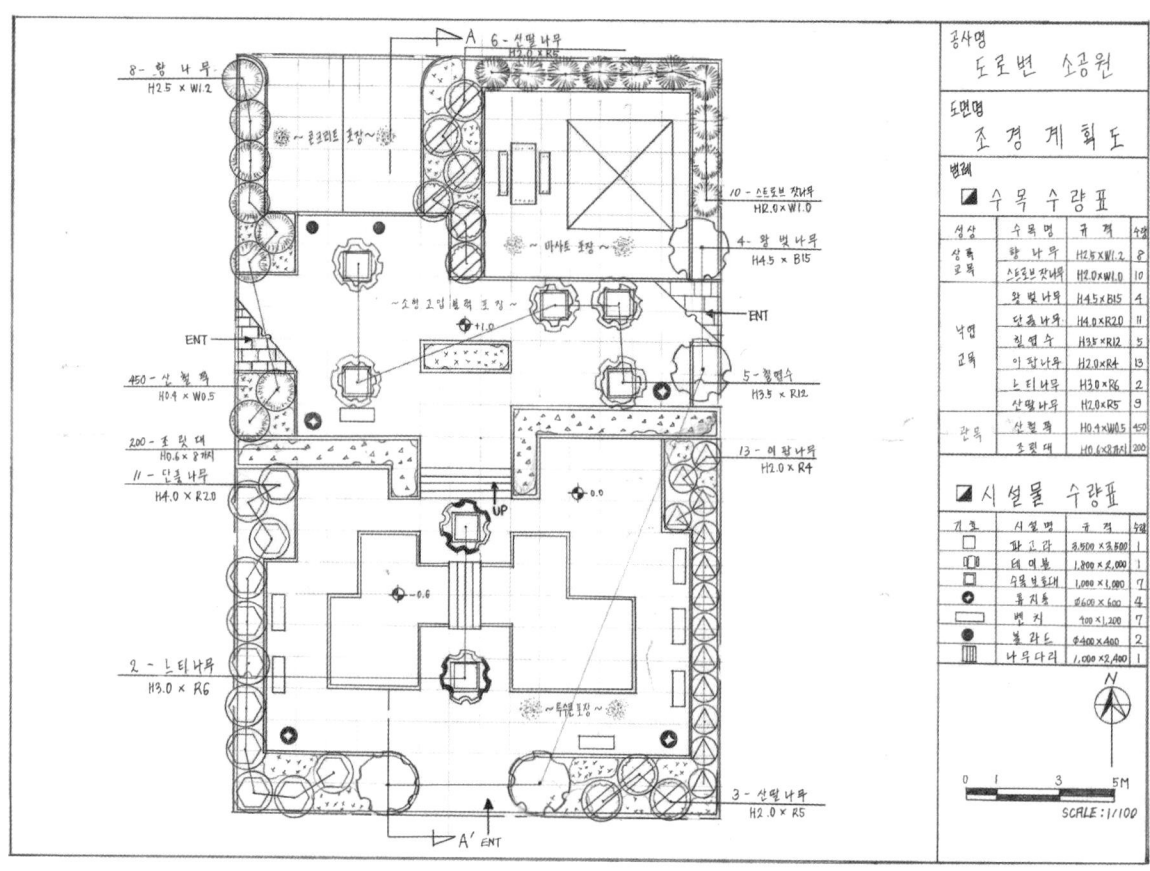

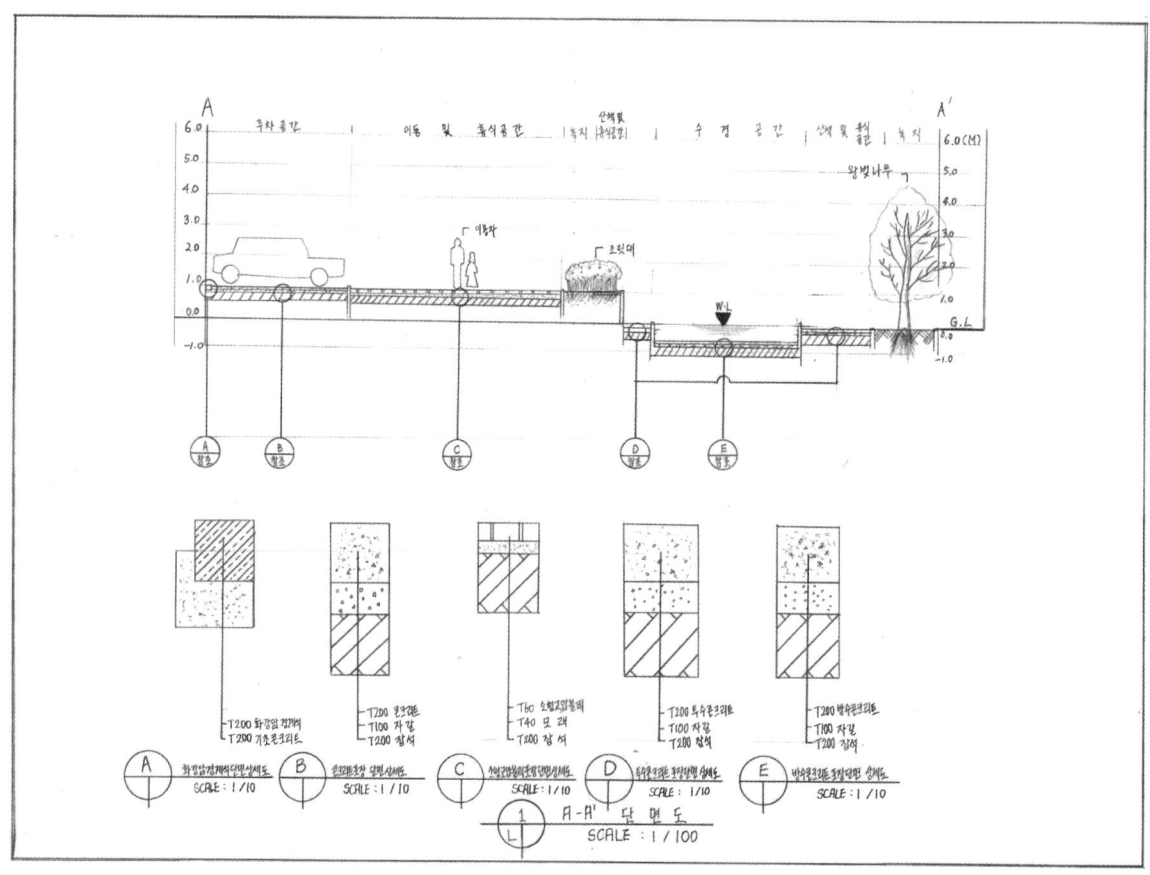

12. 계단형 벽천이 있는 도로변 소공원

우리나라 중부지역에 위치한 도로변 빈공간의 조경 설계를 하고자 한다. 현황도와 아래 사항을 참고하여 계 조건에 따라 조경 계획도를 작성하시오. (단, 이점 쇄선 안쪽이 조경설계의 대상지이며 빗금 친 부분은 녹지공간이다)

(1) 현황도

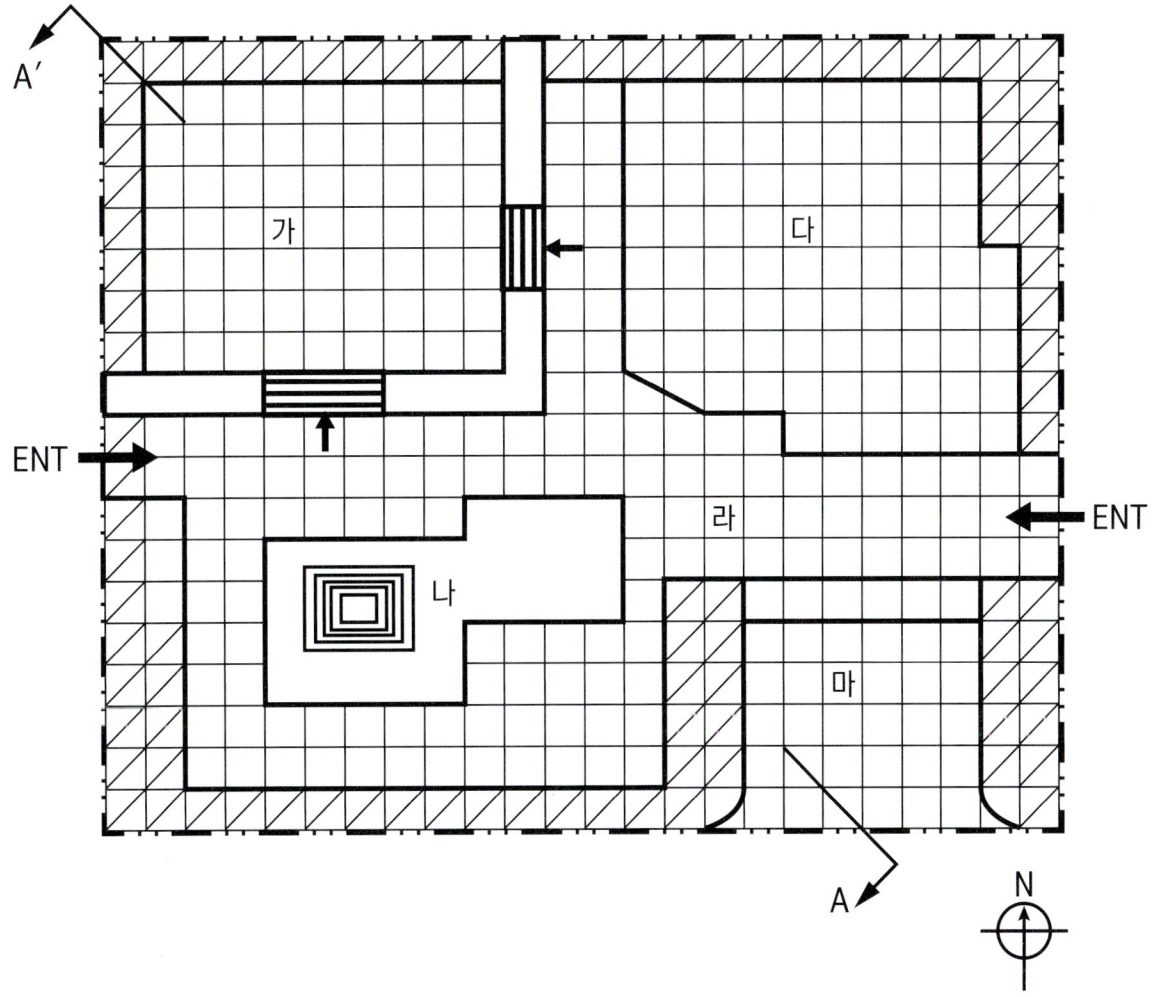

(2) 요구사항

① 식재 평면도를 위주로 한 조경계획도를 축척 1/100로 작성하시오.

② 작업 명칭은 "도로변 소공원"으로 할 것

③ 도면 오른쪽에는 수목수량표와 시설물 수량표를 작성하되 규격과 수량을 반드시 표시하시오.

④ A-A' 단면도를 축척 1/100로 작성할 것

⑤ 막대축척과 방위표시를 반드시 표기할 것

⑥ 도면의 전체적인 안정감을 위해 테두리 선을 그리시오.

(3) 설계조건

① 해당 지역은 도심에 위치한 빈 공간을 활용한 휴식 공간으로 아래 사항을 참조하여 조경계획도를 작성하시오.

② "가" 지역은 휴식 공간으로 퍼걸러 1개소와 수목보호대 2개, 등벤치 2개를 계획하시오. "가" 지역은 주변 지역에 비해 1m 높으며 경사지는 계단과 식수대(Plant Box)를 조성하여 적절하게 설계하시오.

③ '나' 지역은 수심 0.6m의 수공간으로 조성하고 벽천의 경우 단 너비와 높이는 0.25m로 조성하시오.

④ "다" 지역은 놀이공간으로 그네와 미끄럼대를 포함한 어린이 놀이시설 3종을 계획하시오.

⑤ "라" 지역은 이동 공간으로 수목보호대 3개소와 등벤치 3개를 배치하고 소형고압블럭으로 포장을 계획하시오.

⑥ "마" 지역은 주차 공간으로 소형자동차 2대를 주차할 수 있도록 설계하시오.

⑦ 각 지역의 포장은 콘크리트, 마사토, 고무칩, 콘크리트, 투수콘크리트, 소형고압블럭, 점토벽돌, 화강석 블럭 등을 사용하여 적용하며 반드시 기호와 명칭을 표시하시오.

⑧ 대상지 내 유도식재, 녹음식재, 유도식재, 경관식재, 소나무 군식 등의 식재패턴을 필요한 곳에 배식하시오.

⑨ 수목은 종류가 다른 10가지를 선정하여 식재를 계획하고 인출선을 사용하여 수목명과 규격, 수량을 반드시 표기하시오.

소나무(H4.0×W2.0), 소나무(H3.0×W1.5), 소나무(H2.5×W1.2), 스트로브잣나무(H2.5×W1.2), 스트로브잣나무(H2.0×W1.0), 향나무(H2.5×W1.2), 왕벚나무(H4.5×B15), 단풍나무(H4.0×R20), 칠엽수(H3.5×R12), 이팝나무(H2.0×R4), 버즘나무(H3.5×B8), 산사나무(H2.5×R6), 느티나무(H3.5×R7), 청단풍(H2.5×R6), 중국단풍(H2.5×R5), 자귀나무(H2.5×R6), 산딸나무(H2.0×R5), 회양목(H0.3×W0.3), 산수유(H2.5×R7), 꽃사과(H2.5×R5), 수수꽃다리(H1.5×W0.6), 병꽃나무(H1.0×W0.4), 쥐똥나무(H1.0×W0.3), 명자나무(H0.6×W0.4), 산철쭉(H0.6×W0.5), 명자나무(H0.6×W0.4), 자산홍(H0.3×W0.3), 영산홍(H0.4×W0.3), 황매화(H1.0×W0.4), 조릿대(H0.6×7가지), 맥문동(H0.2×5포기)

⑩ A-A' 단면도에는 경계석, 포장재료, 수목, 시설물, 이용자, 높이 차 등을 반드시 표시하시오.

(4) 예시답안(평면도)

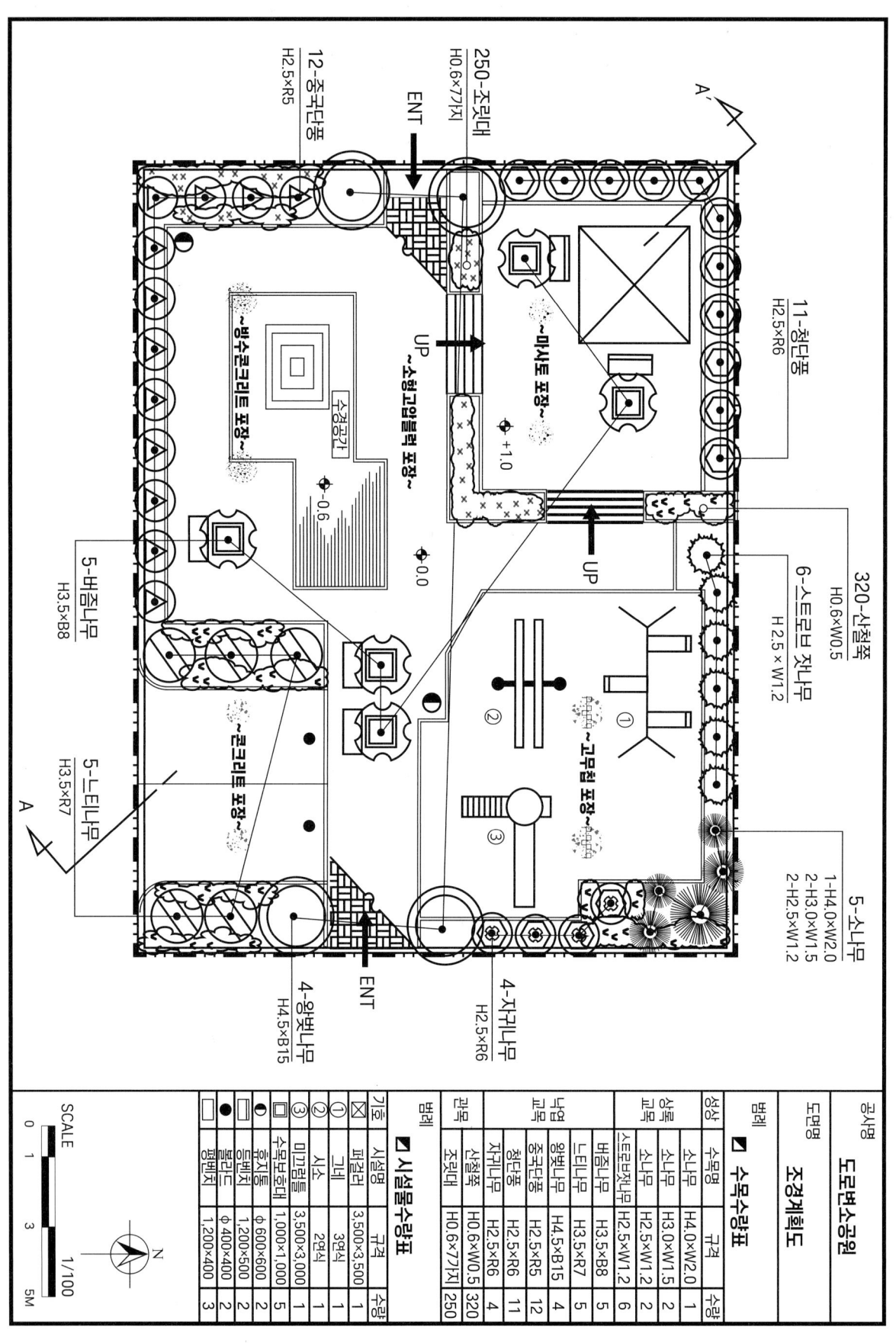

(5) 예시답안(단면도)

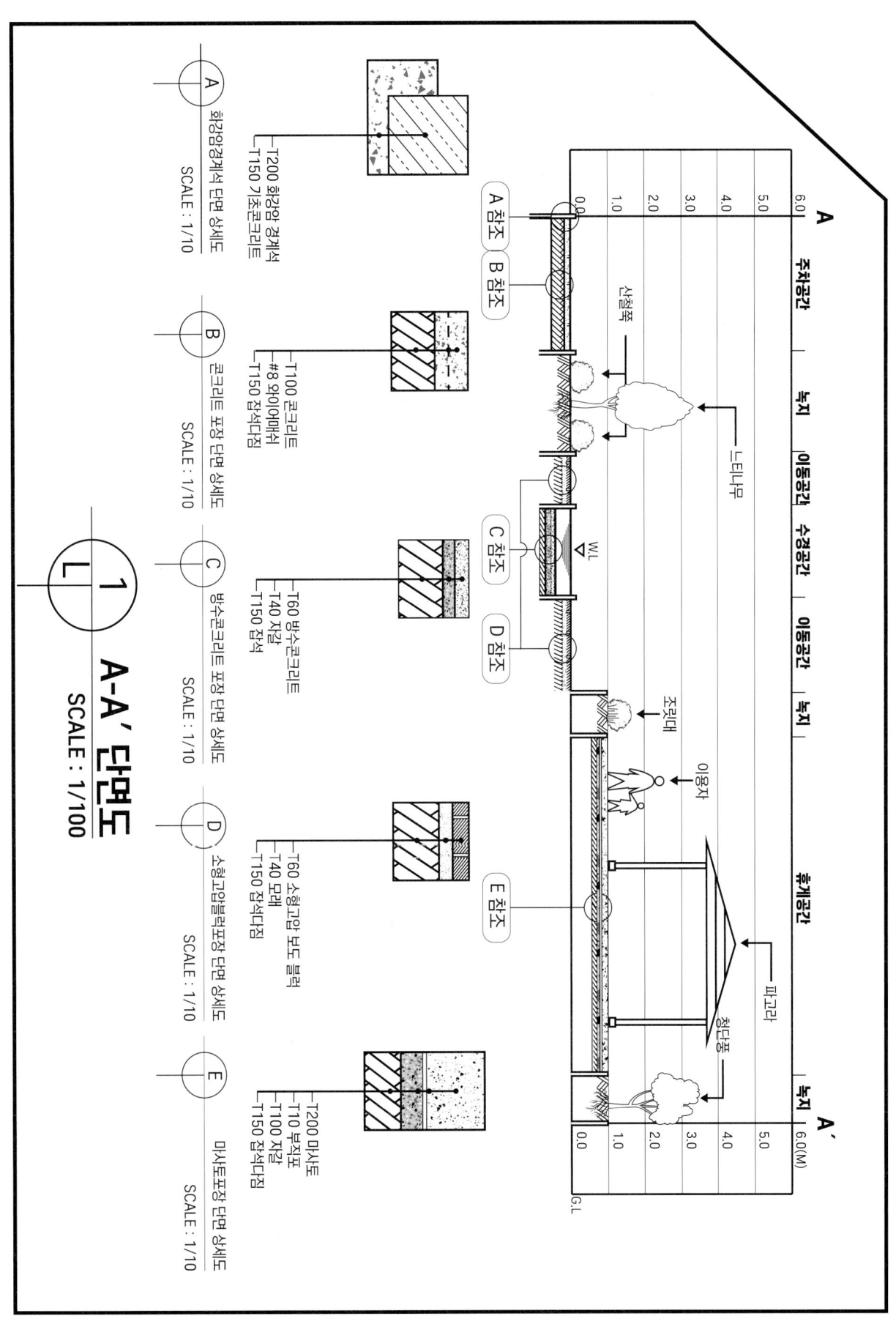

(6) 예시답안(실전 조경계획도)

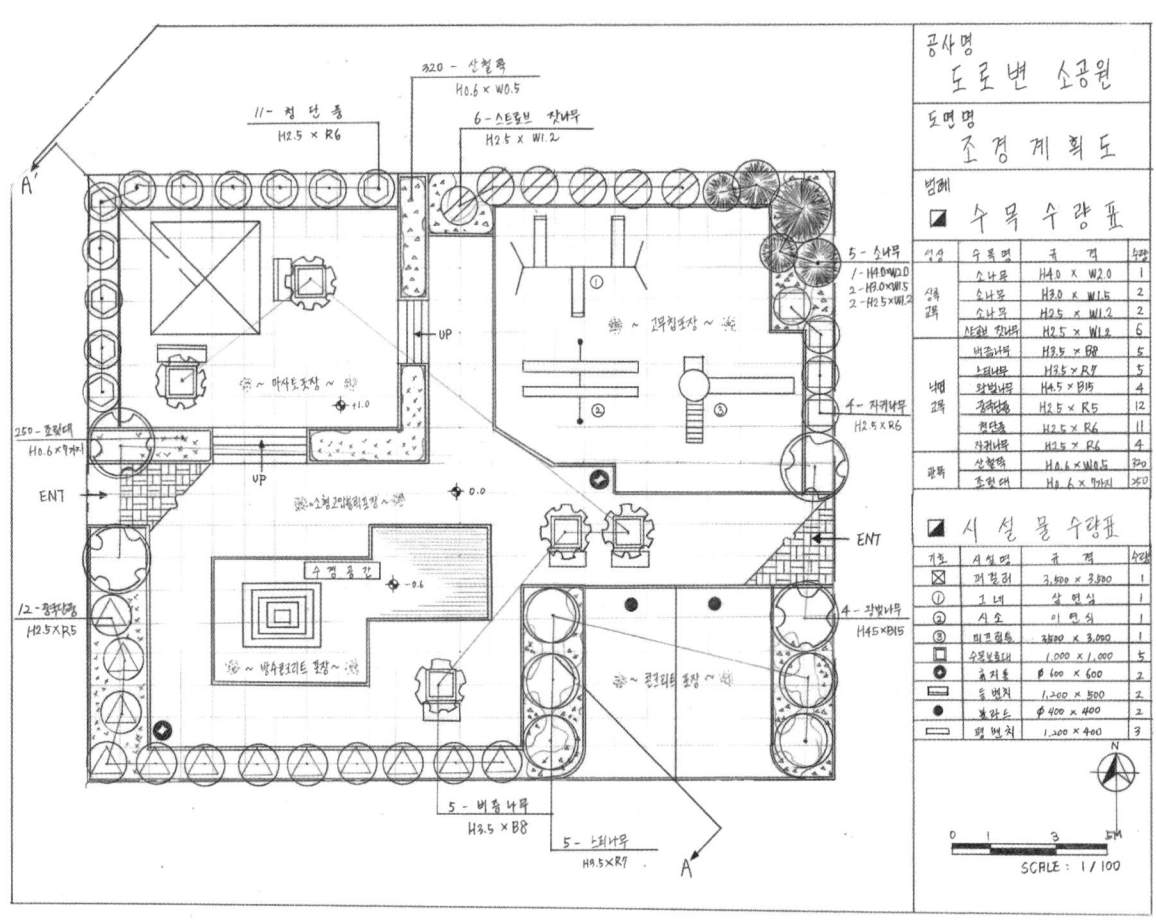

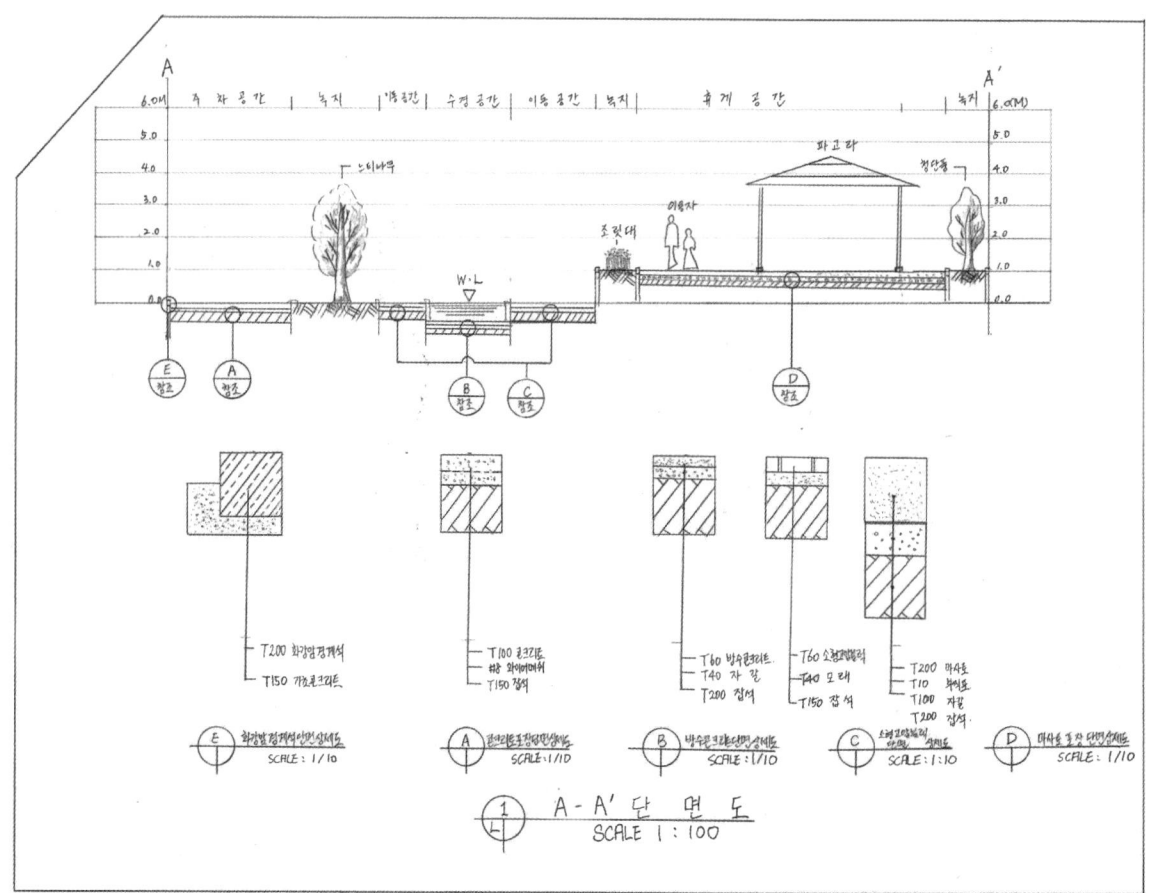

13. 퍼걸러와 놀이터가 있는 미로공원

우리나라 중부지역에 위치한 도로변 빈공간의 조경 설계를 하고자 한다. 현황도와 아래 사항을 참고하여 계 조건에 따라 조경 계획도를 작성하시오. (단, 이점 쇄선 안쪽이 조경설계의 대상지이며 빗금 친 부분은 녹지공간이다)

영상 바로가기

(1) 현황도

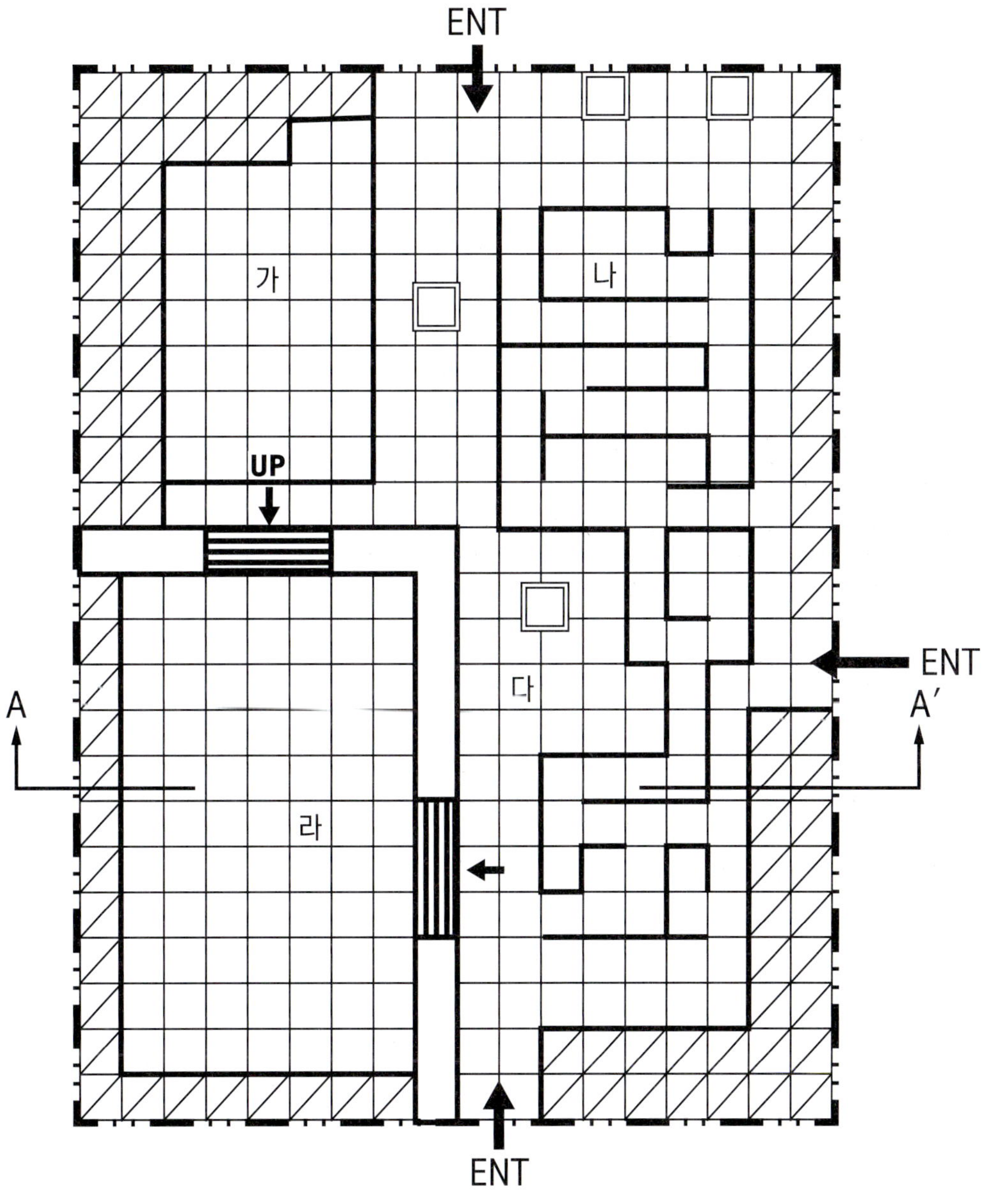

(2) 요구사항

① 식재 평면도를 위주로 한 조경계획도를 축척 1/100로 작성하시오.

② 작업 명칭은 "도로변 소공원"으로 할 것

③ 도면 오른쪽에는 수목수량표와 시설물 수량표를 작성하되 규격과 단위, 수량을 반드시 표시하시오.

④ A-A' 단면도를 축척 1/100로 작성할 것

⑤ 막대축척과 방위표시를 반드시 표기할 것

⑥ 도면의 전체적인 안정감을 위해 테두리 선을 그리시오.

(3) 설계조건

① 해당 지역은 도심에 위치한 빈 공간을 활용한 휴식 공간으로 아래 사항을 참조하여 조경계획도를 작성하시오.

② "가" 지역은 휴식 공간으로 5m×3m 크기의 장방형 퍼걸러 1개소와 평벤치 2개소를 설계하시오.

③ '나' 지역은 미로 공간으로 담장의 소재는 적벽돌로 하여 높이는 약 1m 정도로 설계하시오.

④ "다" 지역은 이동 공간으로 보행에 지장이 없도록 포장을 계획하고 수목보호대를 6개와 평벤치 3개, 휴지통 3개를 계획하시오.

⑤ "라" 지역은 "가, 나, 다" 지역보다 1m 높은 지역으로 경사는 식수대(Plant Box)와 계단을 처리하고 어린이 놀이공간으로 어린이 놀이시설 3종을 계획하시오.

⑥ 각 지역의 포장은 콘크리트, 마사토, 고무칩, 콘크리트, 투수콘크리트, 소형고압블럭, 점토벽돌, 화강석 블럭 등을 사용하여 적용하며 반드시 기호와 명칭을 표시하시오.

⑦ 대상지 내 유도식재, 녹음식재, 유도식재, 경관식재, 소나무 군식 등의 식재 패턴을 필요한 곳에 배식하시오.

⑧ 수목은 종류가 다른 12가지를 선정하여 식재를 계획하고 인출선을 사용하여 수목명과 규격, 수량을 반드시 표기하시오.

소나무(H4.0×W2.0), 소나무(H3.0×W1.5), 소나무(H2.5×W1.2), 스트로브잣나무(H2.5×W1.2), 스트로브잣나무(H2.0×W1.0), 향나무(H2.5×W1.2), 왕벚나무(H4.5×B10), 단풍나무(H4.0×R20), 칠엽수(H3.5×R12), 이팝나무(H2.0×R4), 버즘나무(H3.5×B8), 산사나무(H2.5×R6), 느티나무(H3.0×R6), 청단풍(H2.5×R8), 중국단풍(H2.5×R6), 자귀나무(H3.5×R12), 산딸나무(H2.5×R6), 회양목(H0.3×W0.3), 산수유(H2.5×R8), 꽃사과(H2.5×R5), 수수꽃다리(H1.5×W0.6), 병꽃나무(H1.0×W0.4), 쥐똥나무(H1.0×W0.3), 명자나무(H0.6×W0.4), 산철쭉(H0.3×W0.3), 명자나무(H0.6×W0.4), 자산홍(H0.3×W0.3), 영산홍(H0.3×W0.3), 황매화(H1.0×W0.4), 조릿대(H0.6×7가지), 맥문동(H0.2×5포기)

⑨ A-A' 단면도에는 경계석, 포장재료, 수목, 시설물, 이용자, 높이 차 등을 반드시 표시하시오.

(4) 예시답안(평면도)

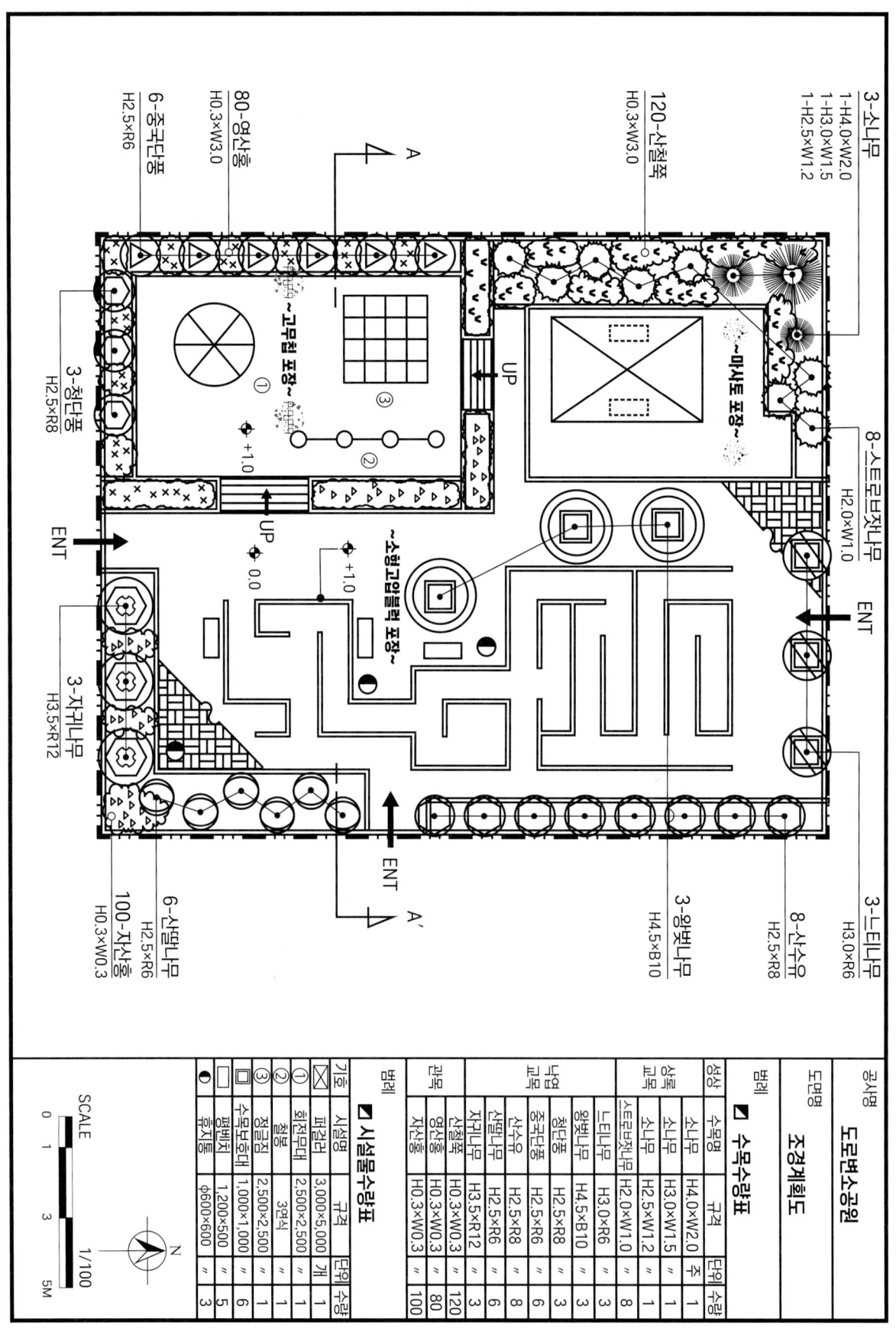

(5) 예시답안(단면도)

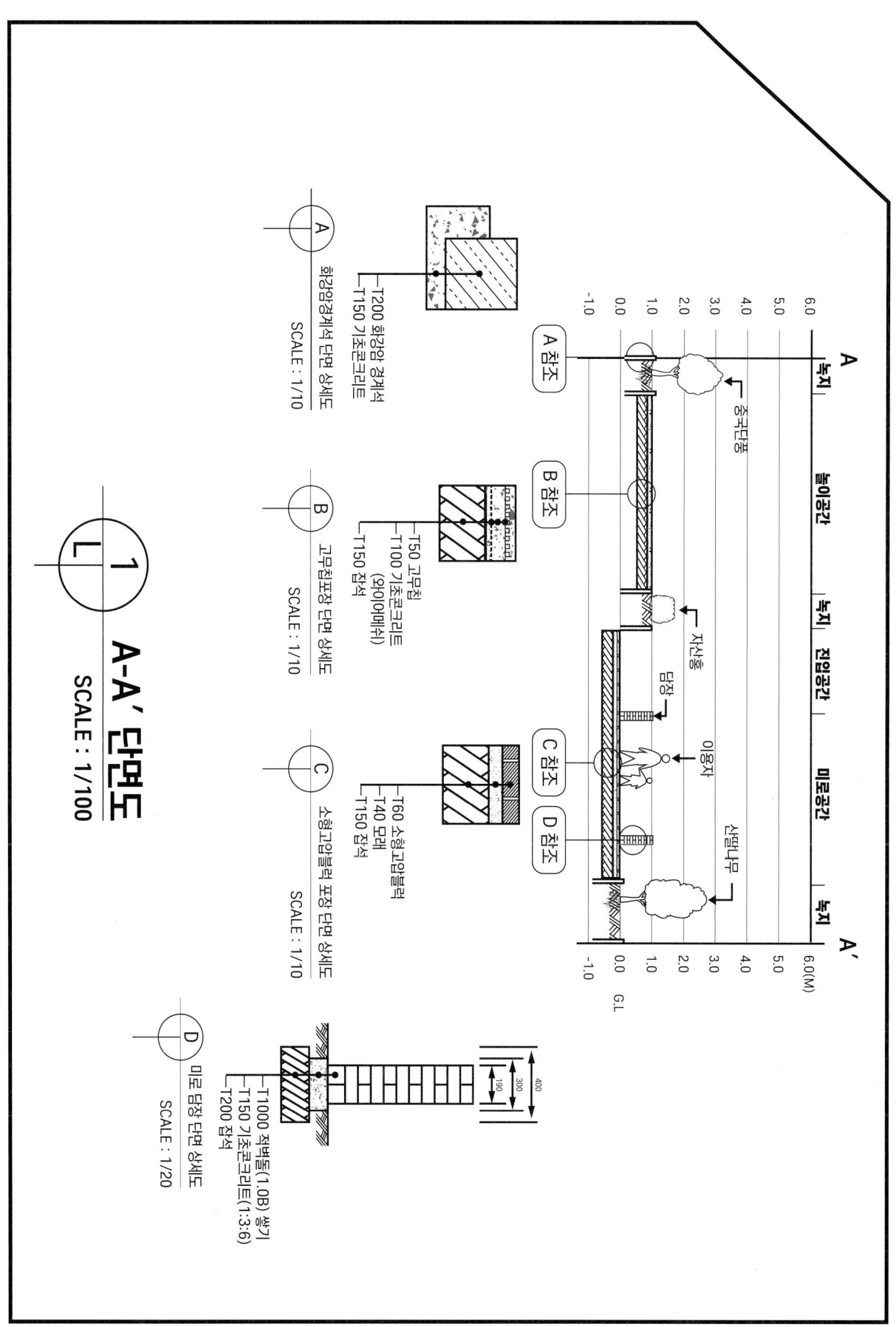

(6) 예시답안(실전 조경계획도)

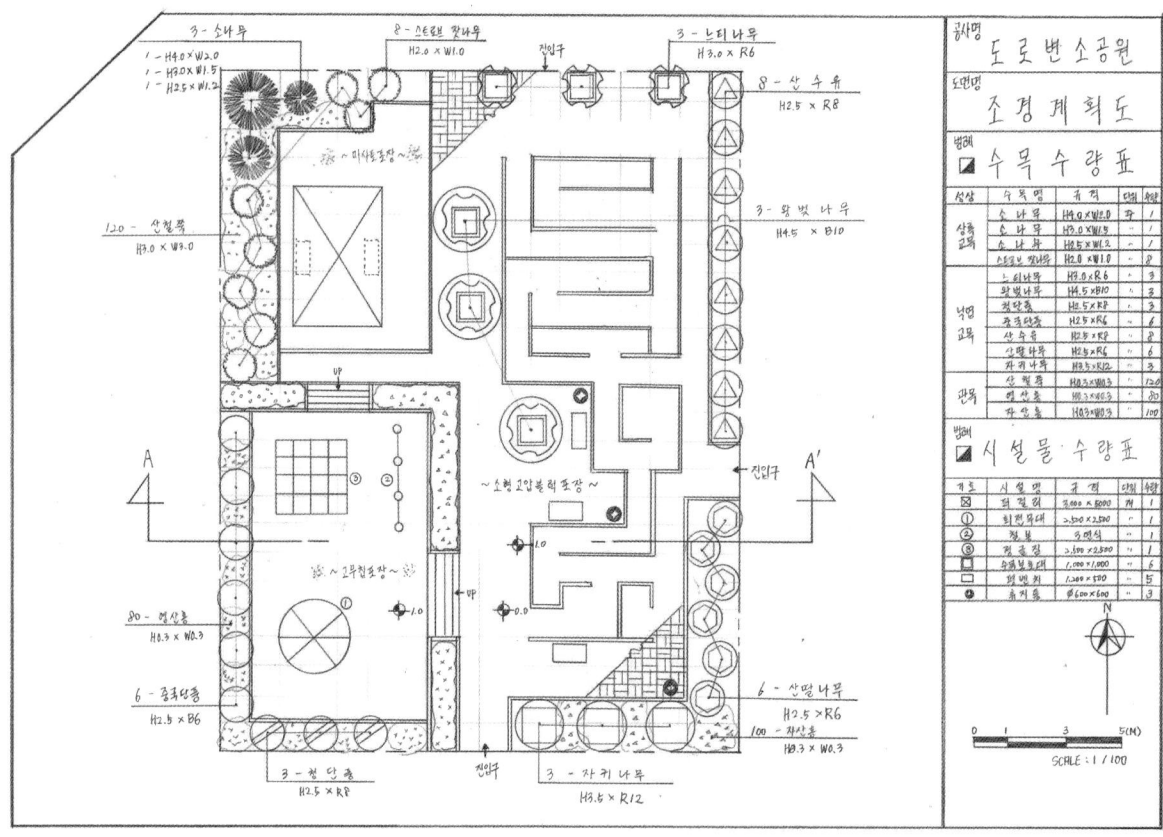

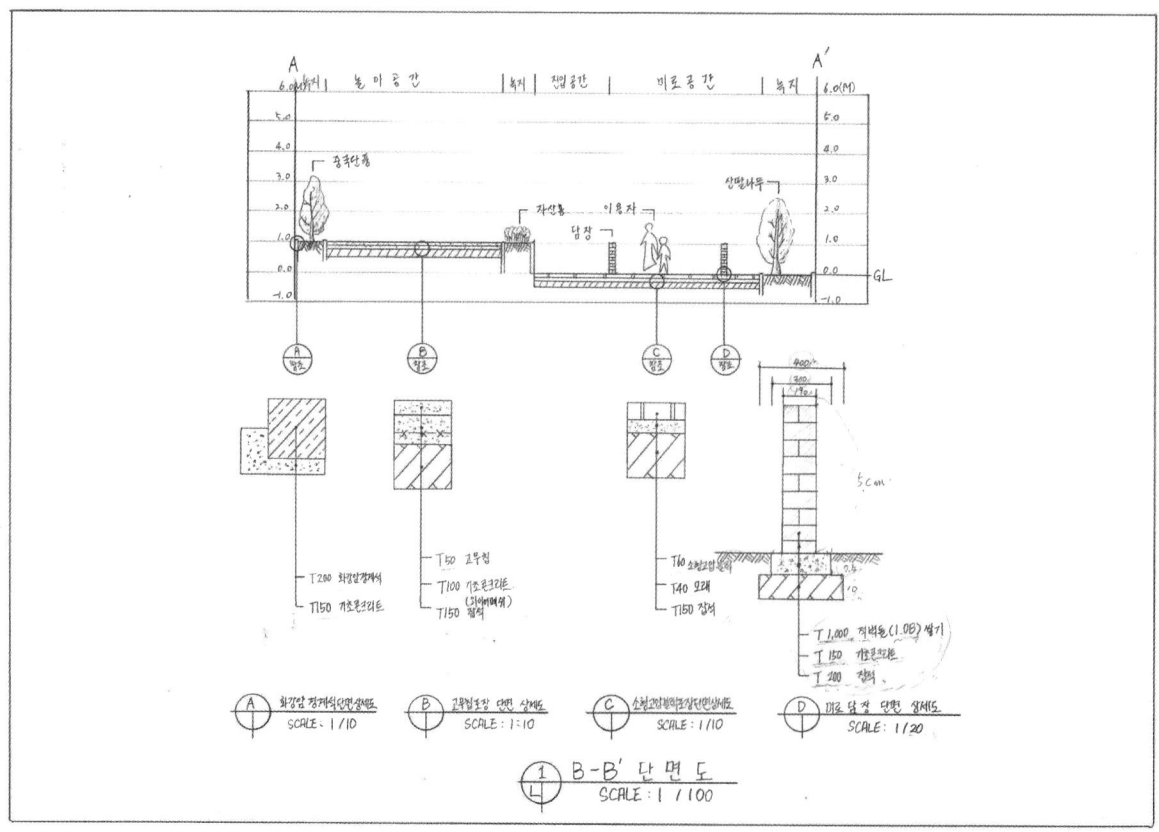

14. 원형 분수와 오솔길, 치유 공간이 있는 도로변 소공원

우리나라 중부지역에 위치한 도로변 빈공간의 조경 설계를 하고자 한다. 현황도와 아래 사항을 참고하여 설계 조건에 따라 조경 계획도를 작성하시오. (단, 이점 쇄선 안쪽이 조경설계의 대상지이며 빗금 친 부분은 녹지공간이다)

문제분석 영상 바로가기

해설 영상 바로가기

(1) 현황도

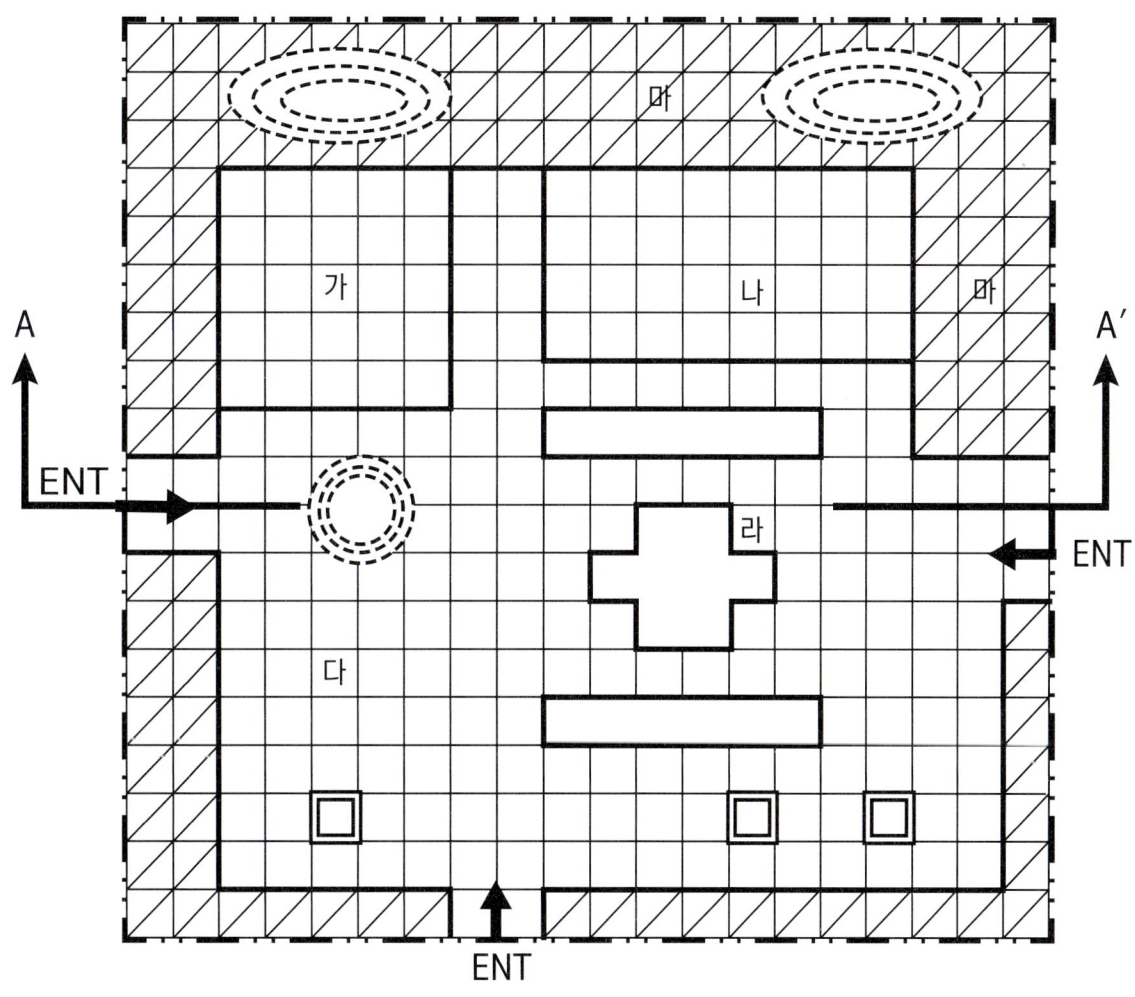

(2) 요구사항

① 우리나라 청주지역 도로변 소공원으로 휴식과 놀이, 운동 등을 즐길 수 있도록 조성하며, 식재평면도를 위주로 한 조경계획도를 축척 1/100로 작성하시오.

② 도면의 오른쪽에는 작업명칭과 수목 수량표, 시설물 수량표를 반드시 작성하시오.

③ 수량표 아래쪽에 방위표시와 막대축척을 반드시 작성할 것

④ 도면의 안정감을 위해 테두리 선을 작성할 것

⑤ A - A'단면도를 축척 1/100로 작성할 것

⑥ 단면도 상에는 주요 시설물 및 포장재료와 단면, 주변 수목, 높이 차 등을 반드시 표시할 것

(3) 설계조건

① 대상 지역은 외곽지역보다 1m 높은 것으로 보고, 진입구에는 계단을 설치하시오.

② "가" 공간은 휴식 공간으로 파고라(3,500×3,500) 1개소와 등벤치 2개소를 설치하시오.

③ "나" 공간 체육공간으로 체력단련시설 3종과 평벤치 2개를 설치하시오.

④ "다" 공간은 보행 공간으로 원형 분수대(수심 60cm)를 설치하고 주변 녹지 공간에는 조명등(높이 3m) 3개를 배치하시오.

⑤ "라" 공간은 치유 공간으로 벤치 4개와 향기가 좋은 수종 5종을 식재하고, 조명등 4개를 배치하시오.

⑥ "마" 공간은 녹지공간으로 마운딩의 등고선 간격은 30cm로 설계하고 공간을 연결하는 폭 1m의 오솔길을 설치하시오.

⑦ 각 공간은 화강석블럭, 점토벽돌, 콘크리트, 고무칩, 마사토, 투수콘크리트 등 적절한 재료를 사용하고 기호와 포장명을 반드시 기입할 것

⑧ 대상지 내 식재는 유도식재, 녹음식재, 경관식재, 소나무 군식 등의 식재 패턴을 필요한 곳에 배식하고, 적당한 곳에 수목보호대 2개소를 추가로 설치하시오.

⑨ 수목은 종류가 다른 10가지를 선정하여 식재를 계획하고, 인출선을 사용하여 수목의 명칭, 수량, 규격을 반드시 표기하시오.

백철쭉(H0.4×W0.4), 산철쭉(H0.4×W0.5), 영산홍(H0.4×W0.3), 개나리(H1.2×5가지), 계수나무(H2.5×R6), 꽃사과(H2.5×R5), 자산홍(H0.4×W0.3), 금목서(H2.0×W1.0), 맥문동(H0.2×5포기), 소나무(H4.0×W2.0), 소나무(H3.0×W1.5), 소나무(H2.5×W1.2), 스트로브잣나무(H2.0×W1.0), 스트로브잣나무(H2.0×W1.0), 왕벚나무(H4.5×B15), 버즘나무(H3.5×B8), 느티나무(H4.5×R20), 청단풍(H2.5×R8), 중국단풍(H2.5×R5), 산딸나무(H2.5×R5), 병꽃나무(H1.0×W0.4), 쥐똥나무(H1.0×W0.4), 명자나무(H0.6×W0.4), 수수꽃다리(H2.0×R0.8), 좀작살나무(H1.0×W0.3), 산수국(H0.3×W0.4), 구절초(8cm), 금계국(10cm), 벌개미취(8cm), 낙상홍(H1.0×W0.4), 화살나무(H0.6×W0.3), 매화나무(H2.0×R4), 서양측백(H1.2×W0.3), 덜꿩나무(H1.0×W0.4)

(4) 예시답안(평면도)

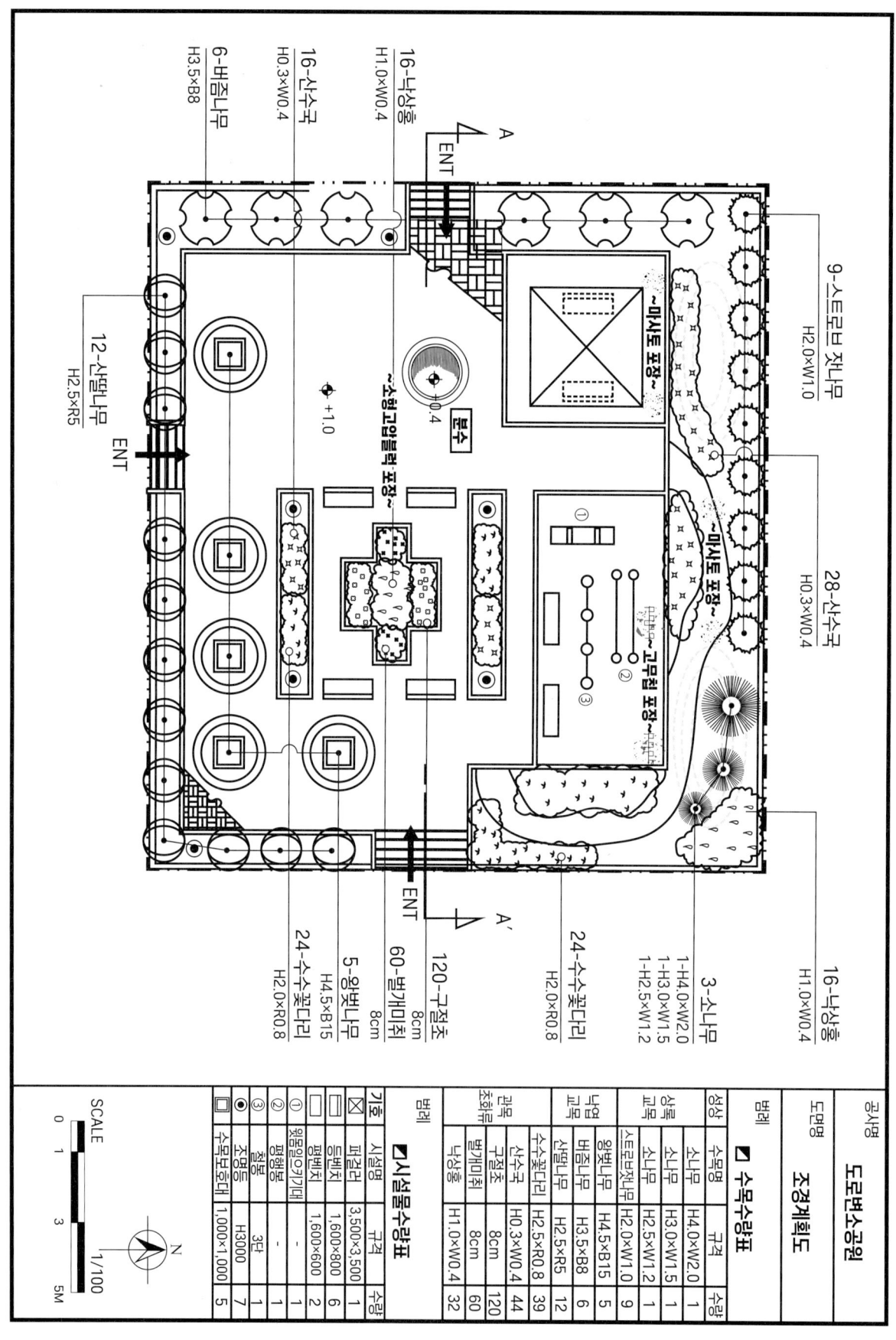

(5) 예시답안(단면도)

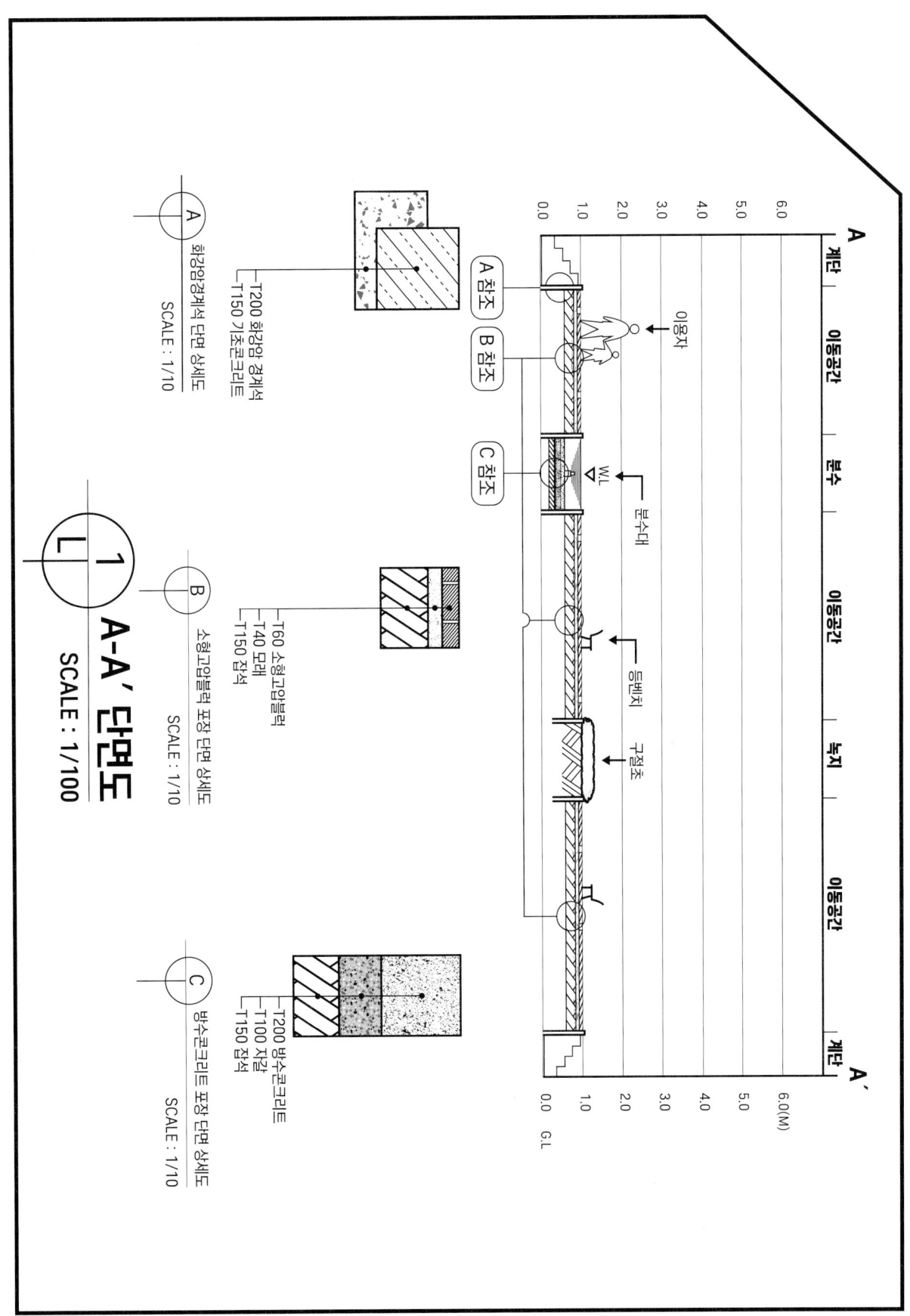

(6) 예시답안(실전 조경계획도)

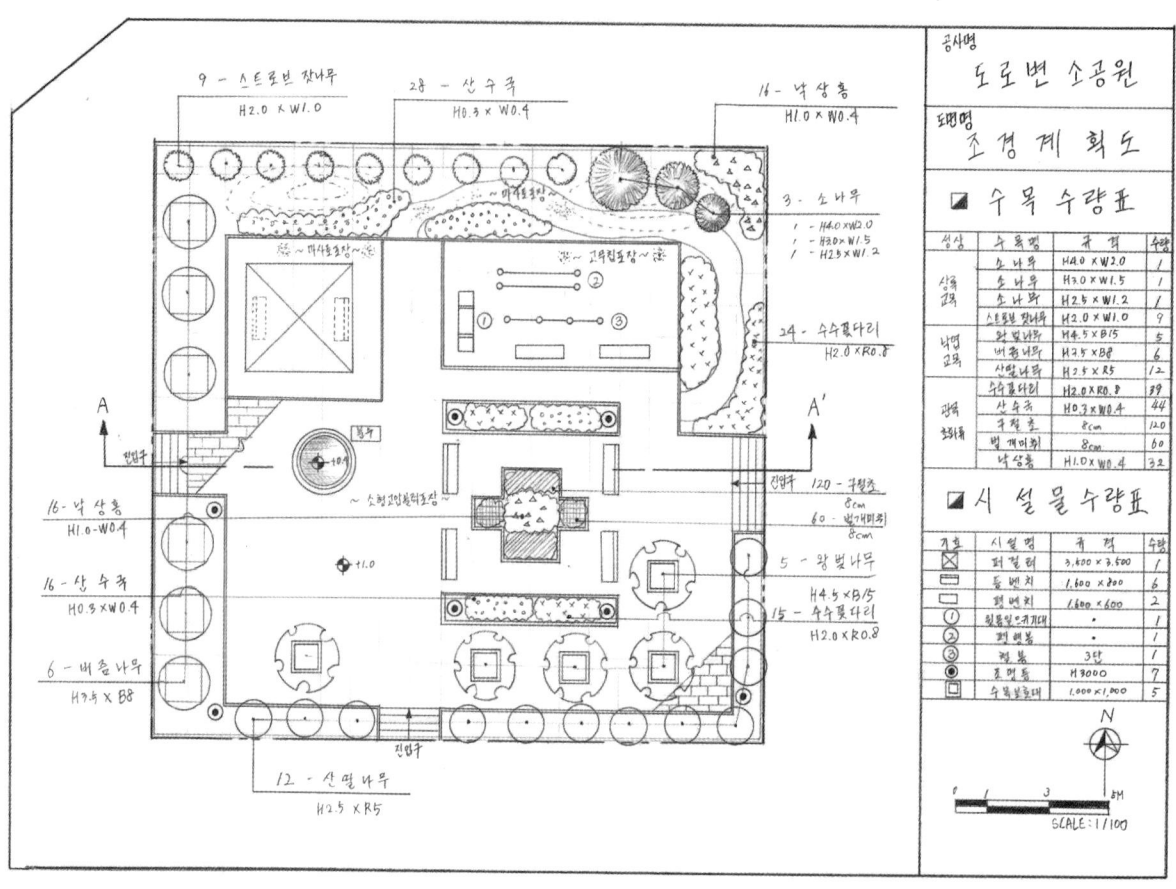

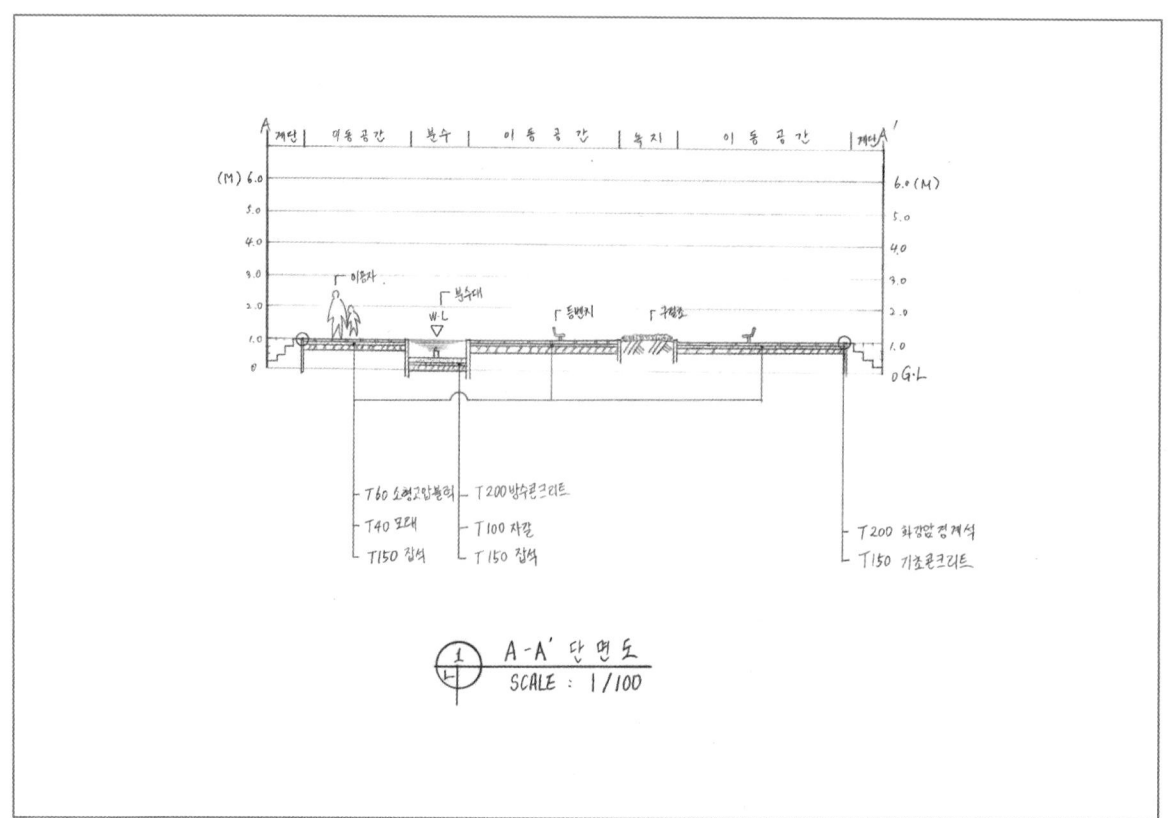

15. 테니스코트, 마운딩, 놀이터가 있는 도로변 소공원

우리나라 중부지역에 위치한 도로변 빈공간의 조경 설계를 하고자 한다. 현황도와 아래 사항을 참고하여 설계 조건에 따라 조경 계획도를 작성하시오. (단, 이점 쇄선 안쪽이 조경설계의 대상지이며 빗금 친 부분은 녹지공간이다)

(1) 현황도

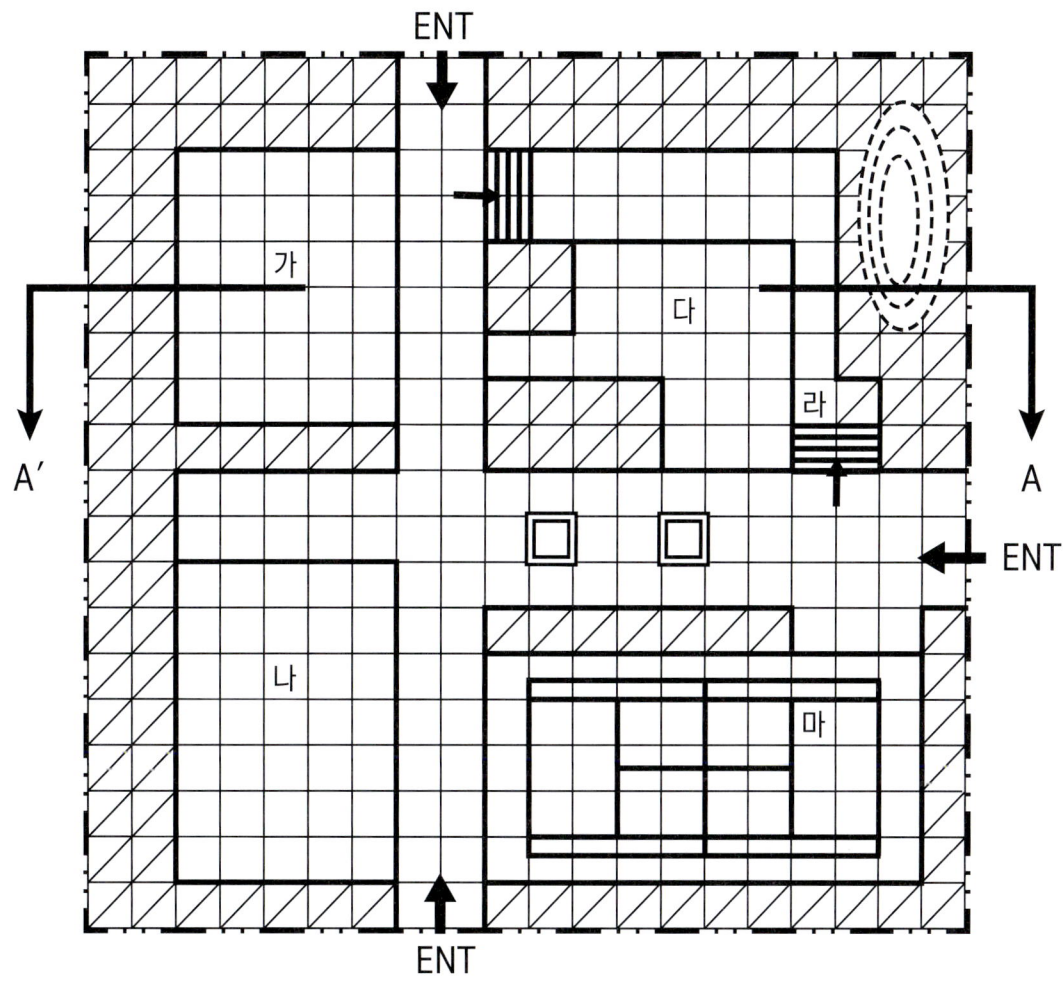

(2) 요구사항

① 중부지역 도로변 소공원으로 휴식과 놀이, 운동 등을 즐길 수 있도록 조성하며, 식재평면도를 위주로 한 조경계획도를 축척 1/100로 작성하시오.

② 도면의 오른쪽에는 작업명칭과 수목 수량표, 시설물 수량표를 반드시 작성하시오.

③ 수량표 아래쪽에 방위표시와 막대축척을 반드시 작성할 것

④ 도면의 안정감을 위해 테두리 선을 작성할 것

⑤ A-A' 단면도를 축척 1/100로 작성할 것

⑥ 단면도 상에는 주요 시설물 및 포장재료와 단면, 주변 수목, 높이 차 등을 반드시 표시할 것

(3) 설계조건

① "가" 공간에는 파고라(3,000×3,000) 1개소 등벤치 2개소, 평벤치 2개소, 휴지통 1개소를 설치하시오.

② "나" 공간은 어린이 놀이터로 2연식 시소를 포함한 놀이시설 3종을 계획할 것

③ "다"는 수경공간으로 조성하고, "라" 공간은 1m 높게 하여 평벤치 2개소, 휴지통 1개소를 설치할 것, 녹지 공간에는 마운딩을 조성하되 등고선 간 간격은 20cm로 한다.

④ "마" 공간은 테니스장으로 조성한다.

⑤ 대상지 내 유도식재, 녹음식재, 경관식재, 소나무 군식 등의 식재 패턴을 필요한 곳에 배식하시오.

⑥ 수목은 종류가 다른 12가지를 선정하여 식재를 계획하고 인출선을 사용하여 표기하시오.

> **소나무**(H4.0×W2.0), **소나무**(H3.0×W1.5), **소나무**(H2.5×W1.2), **스트로브잣나무**(H2.0×W1.5), **스트로브잣나무**(H2.0×W1.0), **왕벚나무**(H4.5×B15), **버즘나무**(H3.5×B8), **느티나무**(H4.5×R20), **청단풍**(H2.5×R8), **중국단풍**(H2.5×R5), **산딸나무**(H2.5×R5), **병꽃나무**(H1.0×W0.4), **쥐똥나무**(H1.0×W0.4), **명자나무**(H0.6×W0.4), **백철쭉**(H0.4×W0.4), **산철쭉**(H0.4×W0.5), **영산홍**(H0.4×W0.3), **자산홍**(H0.4×W0.3), **금목서**(H2.0×W1.0), **맥문동**(H0.2×5포기)

(4) 예시답안(평면도)

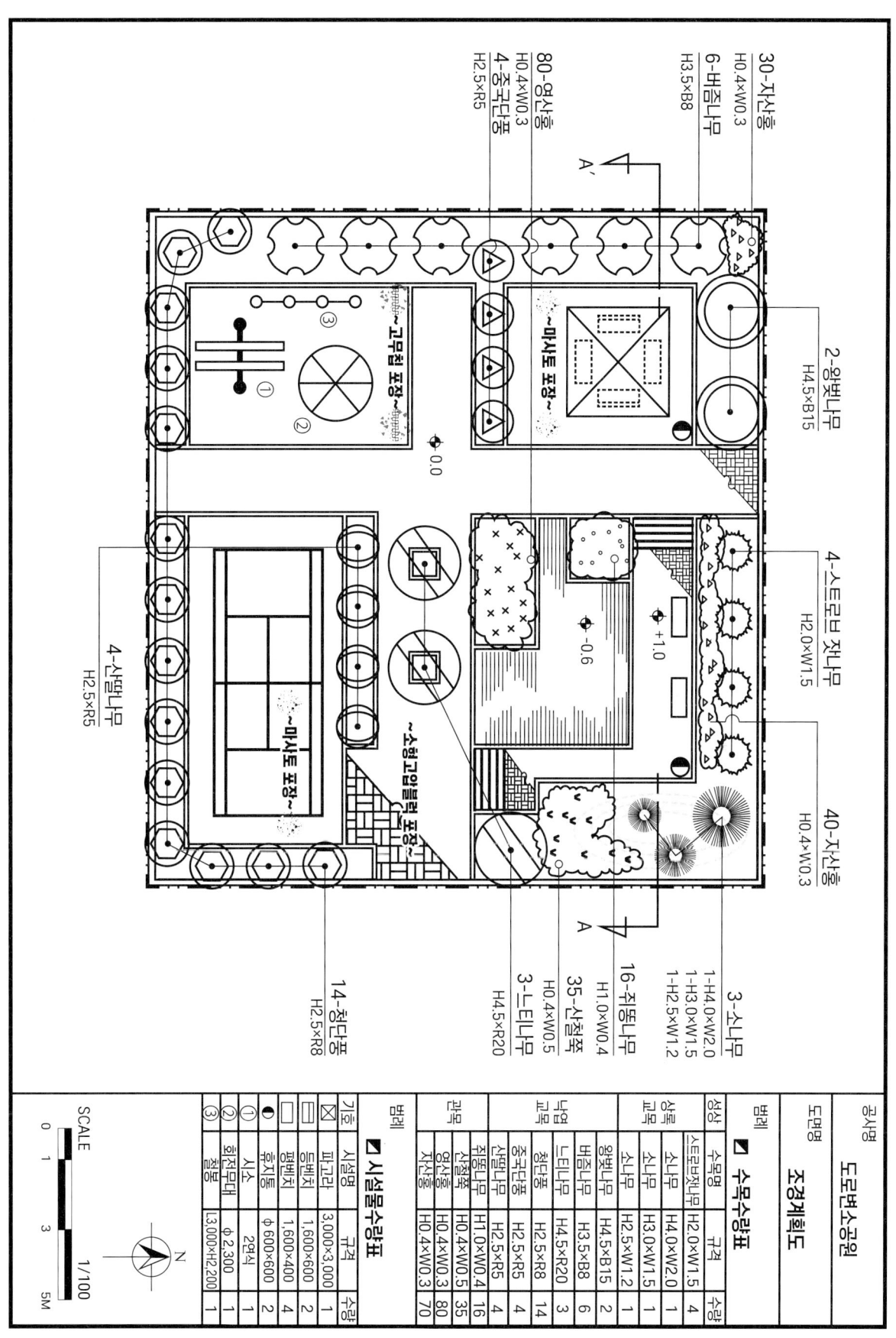

(5) 예시답안(단면도)

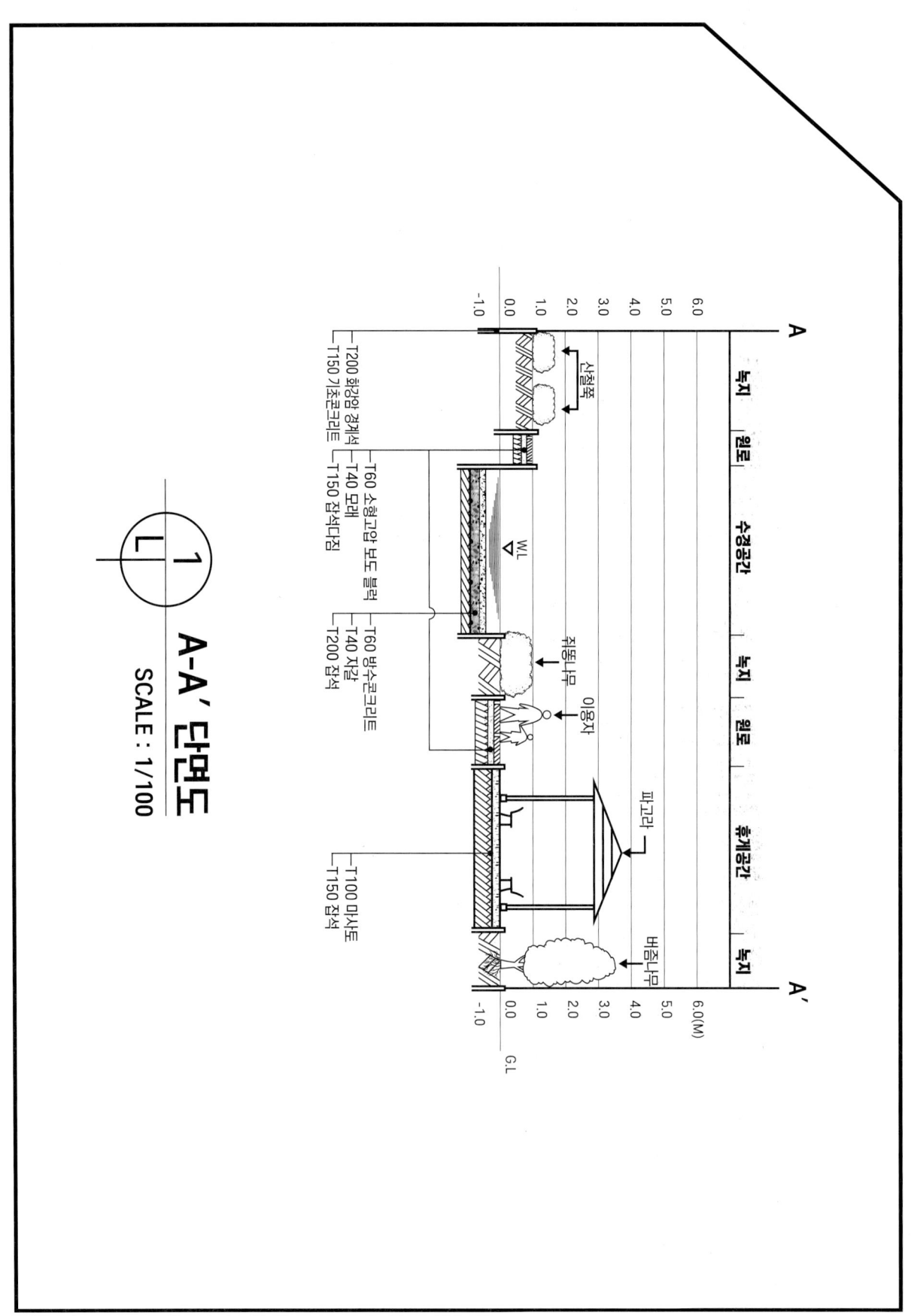

(6) 예시답안(실전 조경계획도)

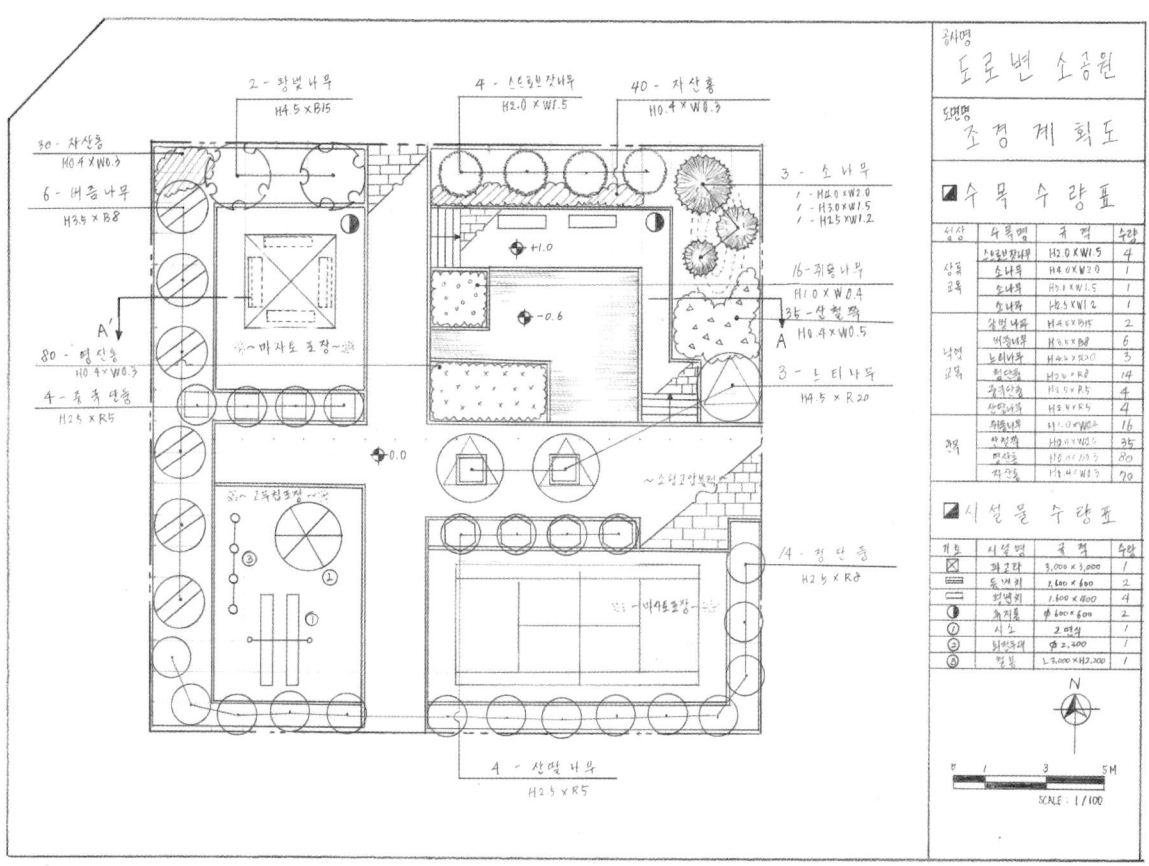

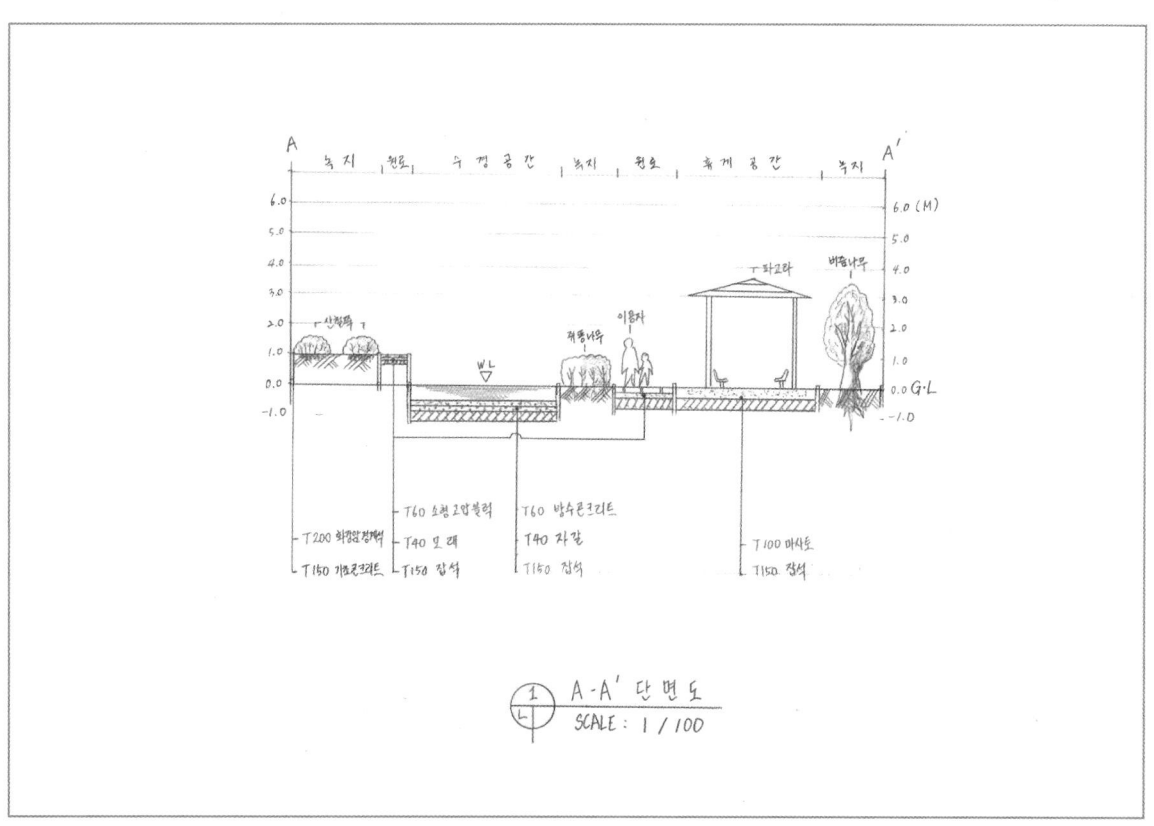

II
조경작업

PART 01 조경작업

배점 40점

조경기능사 실기 시험 중 가장 점수 획득이 쉬우면서도 학원에 다니지 않고 독학할 경우 실습해 보기가 어려운 과목이 조경 작업 파트이다.

과제별 순서를 반드시 숙지!

안정적인 고득점 합격전략은 요구과제별로 작업 순서를 암기법을 통해 정확히 숙지하고, 시험 전 순서대로 여러 번 이미지 트레이닝(image training)을 통해 반복 숙달한다면 실제 시험장에서 당황하지 않고 자신에게 주어진 과제를 완벽히 수행할 수 있다.

유튜브 영상을 통해 작업 동작을 세부적으로 통째로 암기!

실제로 몸을 움직여 숙달해야 하는 작업형 시험에서는 머리와 눈으로만 공부해서는 안 된다. 유튜브 실습 영상을 보며 실제 시험장에 서 있다는 상상을 하며 삽 대신 빗자루를 잔디 뗏장이나 판석 대신 책이나 종이 등으로 마치 영어 공부에서 섀도잉(shadowing)하는 것처럼 동작을 직접 따라 해 보는 연습을 반복해야 한다.

구술 평가에 대비한 예상 질문에 대한 답변 연습

작업형 과제는 시험 도중 채점관으로부터 해당 작업과 관련된 이론적 지식을 1:1 돌발적으로 질문받게 되는데 이에 대해 즉각적으로 답변할 수 있어야 한다. 출제되는 질문의 내용이 한정적이므로 너무 부담을 가질 필요는 없다. 교재에서 제시하는 예상 질문에 대한 답변을 크고 자신 있는 목소리로 실제 시험처럼 미리 여러 번 연습해 가는 것이 좋다.

준비물

목장갑, 줄자, 고무망치, 삼각자, 전정가위, 작업에 적합한 복장과 작업화(어두운색의 운동화나 등산화, 장화 등)

아래의 11가지의 과제 유형 중 2~3가지의 과제를 준다.

과제 유형

- 교목 식재
- 지주목 세우기
- 수피 감기
- 뿌리돌림
- 관목식재(군식 / 산울타리)
- 벽돌포장
- 판석포장
- 잔디식재
- 잔디종자파종
- 수간주사

1. 교목식재　　　　　출제빈도 ★★★

> ☑ 순서암기팁
>
> **교목식재**
> **표구표세73물칭**

① 표토 걷어내기 : 깊이 5~10cm 까지의 유기물이 풍부한 표토는 걷어내어 구덩이 파기 후 넣어주기 위해 구덩이 가까이에 따로 모아둔다.
② 구덩이 파기 : 뿌리분 직경의 3배 정도 폭으로 뿌리부가 완전히 지면 아래로 덮일 수 있도록 파내고 큰 돌멩이나 나무뿌리 등 이물질은 걸러낸다.
③ 표토 넣기 : 구덩이 맨 아래에 표토를 넣어 밑거름 역할을 하도록 한다. (밑거름이 따로 주어진다면 밑거름을 먼저 넣어주고 그 위에 표토를 넣어 뿌리부와 밑거름이 닿지 않도록 한다)
④ 나무 세우기 : 표토 위에 식재목을 곧게 세우고
⑤ 흙 70% 채우고 물죽쑤기 : 구덩이를 흙으로 70% 정도 채운 다음 물을 주입하고 막대로 죽을 쑤듯 골고루 찔러준다. 물죽을 쑤는 이유는 뿌리분과 흙이 잘 밀착되도록 하여 뿌리와 흙 사이 공극을 제거하고 충분한 수분공급을 돕는다.
⑥ 나머지 흙 30% 채우기 : 흙 30% 채우고 살짝 밟아준다.
⑦ 물집만들기 : 파낸 구덩이 가장자리 둘레로 손으로 모래성 쌓듯이 약 10cm 높이로 물집을 만들어 준다. 물집을 만드는 이유는 물을 한 번에 듬뿍 주었을 때 사방팔방으로 흘러버리지 않도록 막아 수분과 양분을 가두어 뿌리로 잘 흡수되도록 하는 역할을 한다.
⑧ 멀칭하기 : 또한 수준이 빨리 증발하지 않도록 나무칩이나 나뭇잎, 짚 등을 이용하여 멀칭을 해준다.

2. 지주목세우기(삼발이지주)　　　　　출제빈도 ★★☆

> ☑ 순서암기팁
>
> **삼발이지주**
> **구파-녹-고-다**

보통 **교목식재와** 세트문제로 출제된다.
① 지주목 삼각 구덩이 파기 : 식재된 나무에 지주목의 길이를 고려하여 약 60도 정도 기울여 지주목을 대고 지주목 간 동일한 간격, 나무줄기로부터 동일한 간격이 되도록 세 군데 지점을 선정하여 약 20cm~30cm 깊이로 구덩이를 판다. (구덩이의 깊이가 일정해야 나무줄기 쪽의 지주목 끝부분의 길이가 같아진다)
② 녹화마대 감기 : 녹화마대나 테이프를 이용하여 나무줄기에 닿는 지주목의 상단부 세 부분을 함께 단단히 감아준다.
③ 고무줄 감기 : 먼저 하나의 지주목이 검정 고무줄을 묶어서 고정하고 나머지 지주목들에도 순차적으로 돌려 감아 단단히 고정해 묶어준다.

④ 하단부 다지기 : 지주목의 하단부가 땅속에 단단히 고정되도록 주변 흙을 힘껏 밟아 다져준다. (지주목 상단부를 감독관이 손으로 흔들었을 때 흔들리지 않아야 한다)

> ✅ **구술평가**
>
> - **문** : 지주목은 얼마나 깊이 묻었는가?
> - **답** : 약 20~30cm
>
> - **문** : 지주목에는 어떤 처리를 했는가?
> - **답** : 방부처리

3. 수피 감기

출제빈도 ★★☆

> ✅ **순서암기팁**
>
> **수피감기**
> **아래에서 위로**

새끼줄이나 녹화마대를 수간에 감아주는 것으로 보통 **교목식재**와 세트 문제로 출제되며, 수피감기의 목적을 묻는 구술평가가 자주 출제된다.
① 수간의 지면 부분부터 아래에서 위로 약간씩 겹쳐서 감아 올라간다. 마무리는 끝부분을 안쪽으로 한 칸 아래로 집어넣어 당기면 묶어진다.
② 수피를 감은 후에는 그 위로 진흙을 발라준다. (진흙이 보통 주어지지 않으므로 구두로 설명하며 진흙을 바르는 동작을 해준다)

> ✅ **구술평가**
>
> **수피감기의 목적**
> 1) 동해와 병충해 방지
> 2) 이식 후 수분증산 방지
> 3) 소나무 이식 후 소나무좀 피해 예방
> 4) 여름철 볕데기(피소 : 줄기가 강한 햇볕에 타들어 가는 현상) 예방 효과

4. 뿌리돌림

출제빈도 ☆☆★

✓ 순서암기팁

뿌리돌림
46파 – 뿌잘 – 직환 – 부엽되메

구술평가만 출제된다.

✓ 구술평가

뿌리돌림의 목적
1) 이식 후 활착률을 높이기 위해 측근과 세근을 발달시킨다.
2) 쇠약한 나무나 노목의 세력 갱신을 위해 실시한다.

뿌리돌림의 방법
1) 보통 이식하기 전 6개월에서 2~3년 전부터 실시하며 봄보다는 가을에 실시하는 것이 좋다.
2) 근원직경의 4~6배 지점에서 원형으로 근원직경의 3~5배 깊이 파내어 뿌리를 잘라주는데 "**4방향으로 뻗은 뿌리와 수직으로 뻗은 뿌리는 나무를 지지하기 위해서 자르지 않고 환상박피 한다.**"

환상박피 방법
1) **뿌리의 껍질 부분을 10cm 정도 벗겨냄으로써 탄수화물이 하향 이동하는 것을 방해하여 박피한 부분에서 잔뿌리를 발생시킨다. 그리고 이식할 때는 환상박피 부분은 잘라낸다.**
2) 부엽토를 약간 섞어서 흙을 되메우고 잘 밟아준다.

5. 관목식재

출제빈도 ★★★

> ☑ 순서암기팁
>
> **군식**
> **중앙부터 큰 둘레로 30 간격**
>
> **산울타리**
> **두줄도랑 20 간격 지그재그로**

군식인지, 산울타리인지 식재 방식과 식재 면적을 주면 먼저 주어진 나무의 수량을 파악한다. 식재지의 면적과 간격을 고려했을 때 점파기를 할지, 도랑 형태로 팔지를 결정한다. 개수가 많지 않으면 하나씩 뿌리분보다 넓게 파서 식재하고, 수목 수량이 많아 식재 간격이 좁아진다면 도랑 형태로 파고 심어 나가는 것이 좋다. 그러나 면적에 비해 주어진 나무의 수량이 많을 경우, 억지로 좁은 공간에 빽빽하게 모두 심으려해서는 안 된다. 예를들어 15~20주 가량을 교호식재하라는 과제라면 10주 정도만 약 20cm 간격으로 지그재그로 교호식재를 한다.

① 군식 방법 : 중앙에 가장 큰 나무를 골라 심어주고 주변부를 둘러싸도록 작은 나무들을 심어 나간다. 식재 간격은 30cm 정도로 한다.

② 산울타리 식재 방법(2열 식재)
   ㄱ. 식재할 곳을 두 줄로 도랑을 파낸다.
   ㄴ. 두 줄로 관목을 식재 간격 20~30cm 정도로 지그재그식으로 교호식재 한다.

> ☑ 구술평가
>
> **관목 식재 후 전정 요령**
> 위쪽 가지는 강하게 전정하여 아래쪽 가지의 지엽이 치밀해지도록 하고, 아래쪽 가지는 약하게 전정한다. 오른쪽에서 왼쪽으로 돌아가며 전정한다.
>
> **관목 식재 후 물주기**
> 공극을 없애고 뿌리가 흠뻑 젖도록 충분한 양을 관수한다.

> **T/R율**
> Top Per Root의 약자로 지하부 무게에 대한 지상부 무게의 비율로 T/R율은 1에 가까울수록 건강하게 균형 잡힌 생장을 하고 있음을 뜻한다.

6. 벽돌포장

출제빈도 ★★★

벽돌 포장
해설 영상 바로가기

조경기능사 실기 작업형 독학 합격공식 🌱 (벽돌포장)
조회수 719회 · 8일 전

파이팅혼공TV

조경기능사 실기 작업형 영상입니다. 벽돌놓는 모양을 반드시 익히셔야하는 모로

✅ 순서암기팁

벽돌포장(모로세워깔기)
측-삽-평-벽-채-정리

① 측량 : 1m×1m 핀세트 4개로 고정(삼각자로 맞춰보는 동작)

② 삽으로 파내기 : 벽돌 두께만큼 삽으로 파낸다. (자연적인 다짐을 고려하여 1~2mm 정도 지면보다 높게 되도록 하는 것이 좋다)

③ 평탄화 : 나무막대로 긁어내며 평탄화 작업(수평자로 맞춰보는 동작)

④ 벽돌 놓기 : 왼쪽 모서리부터 가로로 먼저 놓고, 삿갓(∧) 모양으로 1~14번까지 놓고, W모양으로 날개 부분 확장, 벽돌간 간격은 2~3mm 정도 띄운다.

⑤ 흙(모래) 채우기 : 가장자리와 빈공간부터 전체적으로 조심스럽게 덮고 손으로 문지르고 나무막대와 고무망치로 두드리는 동작 한다.(이때 너무 세게 두드리면 전체적으로 수평과 간격이 엉망이 되므로 최대한 최초 평탄화 작업 시에 공을 들여 작업해 놓고 벽돌을 채운 후에는 두드리는 동작을 너무 세게 하지 않도록 한다)

⑥ 이 동작을 여러 번 반복하여 벽돌의 무늬가 뚜렷하게 드러나게 하고 벽돌 사이사이에도 모래가 모두 채워지도록 하며 가장자리는 벽돌이 밀리지 않도록 경사지게 흙을 채우고 밟아 다져준다. 최대한 깔끔하게 주변을 정리해 가며 작업한다.

⑦ 주변 정리 : 벽돌포장이 끝났으면 채워지지 않은 부분은 레이크로 정리하고 빗자루로 쓸어내는 등의 동작을 채점관이 올 때까지 계속하며 그냥 멀뚱멀뚱 서 있지 않는다.

✅ 구술평가

채점관이 "물매가 어느 쪽이냐?" 물으면 한쪽을 정하여 "중앙에서 이쪽으로 물이 흐르도록 약간의 경사를 주어, 중앙부에 물이 고이지 않도록 하였다"고 답변한다.

7. 판석 포장

출제빈도 ★★★

판석 포장
해설 영상 바로가기

조경기능사 실기 작업형 독학 합격공식 ♠ (판석포장)
조회수 1천회 · 2주 전

파이팅혼공TV

조경기능사 실기 작업형 영상입니다. 절대 놓쳐서는 안되는 쉬운 작업형 과제 판석

도입부 | 측량하기 | 삽질 흙퍼내기 | 평탄화 | 판석깔기 | 5. (흙)채우기

☑ 순서암기팁

벽돌포장
측-삽-평-판-채-정리

판석 포장은 원래 모르타르 위에 포장하는 것이 원칙이다. 하지만 시험장의 여건상 모르타르는 주어지지 않으므로 모르타르 바닥 면에 시공하는 것을 가정하고 작업한다.

① 측량 : 1m×1m 핀세트 4개로 고정(삼각자로 맞춰보는 동작)

② 삽으로 파내기 : 판석 두께만큼 삽으로 파낸다. (자연적인 다짐을 고려하여 1~2mm 정도 지면보다 높게 되도록 하는 것이 좋다)

③ 평탄화 : 나무막대로 긁어내며 평탄화 작업(수평자로 맞춰보는 동작)

④ 판석 놓기 : 판석의 줄눈간격이 1~2cm가 되도록 놓아가되 Y자형 줄눈이 되도록 시공한다. (십자형×), 판석마다 두께가 다르다면 흙을 가져와 높이를 일정하게 맞추어 가며 포장한다.

⑤ 흙(모래) 채우기 : 줄눈 사이와 가장자리를 전체적으로 조심스럽게 덮어주고 나무막대를 올려놓고 고무망치로 두드려 수평을 맞춘다.

⑥ 이 동작을 여러 번 반복하여 판석의 무늬가 뚜렷하게 드러나게 하고 판석 사이사이에도 손으로 눌러 모래가 완전히 채워져 다져지도록 하며 가장자리는 밀려나지 않도록 경사지게 흙을 채우고 밟아 다져준다. 최대한 깔끔하게 주변을 정리해 가며 작업한다.

⑦ 주변정리 : 판석포장이 끝났으면 채워지지 않은 부분은 레이크로 정리하고 빗자루로 쓸어내는 등의 동작을 채점관이 올 때까지 계속하며 그냥 멀뚱멀뚱 서 있지 않는다.

☑ 구술평가

채점관이 "물매가 어느 쪽이냐?" 물으면 한쪽을 정하여 "중앙에서 가장자리 쪽으로 물이 흐르도록 약간의 경사를 주었다" 또는 "중앙부에 물이 고이지 않도록 약 2% 정도의 경사를 주었다"고 답변한다.

8. 잔디식재

출제빈도 ★★★

잔디식재
해설 영상 바로가기

조경기능사 실기 작업형 독학 합격공식 🌲 (잔디식재)
조회수 753회 · 7일 전

파이팅혼공TV

조경기능사 실기 작업형 영상입니다. 표토를 걷어놨다가 떳밥으로 활용하는 잔디

☑ 순서암기팁

잔디식재
표-측-경-정-잔-빱-두-물

잔디 떳장의 두께만큼 약 3~5cm 깊이로 **표토**를 걷어 모아둔다.

① **측량**: 1m×1m 핀세트 4개로 고정(삼각자로 맞춰보는 동작)

② **경운**(갈아엎기): 20cm 깊이로 식재지를 갈아엎는다. 그 자리를 파서 그대로 뒤집는다. 앞에서 뒤로 한 삽 한 삽 줄지어 숙련되어 보이도록 삽 없이도 삽질 동작을 연습해 본다.

③ **정지**작업: 레이크로 덩어리 흙을 잘게 부수며 이물질 등을 제거한다.

④ **잔디** 놓기: 아래와 같이 주어진 식재 방법에 따라 잔디 떳장을 놓는다.

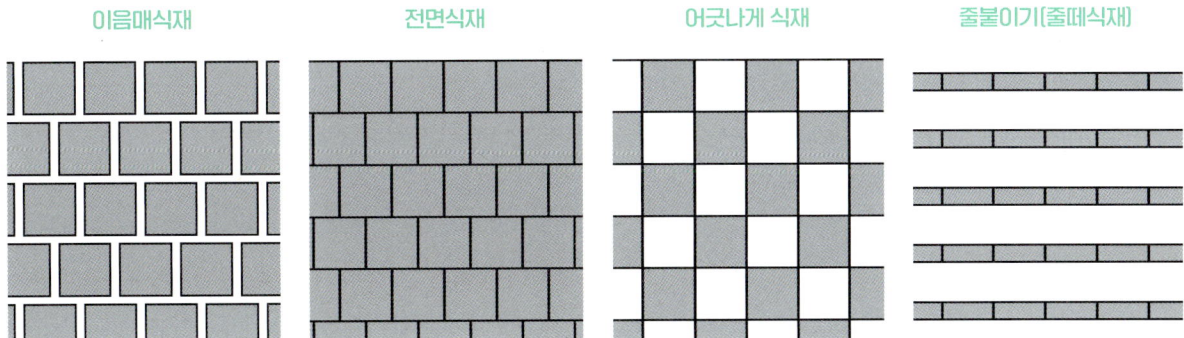

| 이음매식재 | 전면식재 | 어긋나게 식재 | 줄붙이기(줄떼식재) |

⑤ **떳밥** 주기: 걷어두었던 표토를 삽으로 떠서 좌우로 흔들어 빈공간을 채우고 잔디 위에도 골고루 살살 떨어뜨린다.

⑥ 잔디 위를 나무토막 또는 삽으로 **두드려** 다져준다.

⑦ 물뿌리개로 충분히(m^2 당 약 6리터) **물**을 주는 동작을 한다.

9. 잔디종자파종

출제빈도 ★★★ / 난이도 ☆☆★

잔디종자파종
해설 영상 바로가기

조경기능사 실기 작업형 ▲(잔디종자파종)
조회수 2.9천회 · 1개월 전

파이팅혼공TV

조경기능사 실기 작업형 영상입니다. 절대 놓쳐서는 안되는 점수

경운(삽으로 흙 뒤집기) | 다짐 평탄화+돌이나 이물

☑ 순서암기팁

잔디종자파종
측-거-경-다-파-복-다-물

몇 년 전까지는 주로 "파종순서를 설명하라"는 구술 평가로 진행되었으나 최근에는 실제 작업형으로 출제된다. 가장 쉬운 과제에 속하므로 반드시 순서와 동작을 정확히 숙지하도록 한다.

① **측량** : 1m×1m 핀세트 4개로 고정(삼각자로 맞춰보는 동작)

② **거름**주기 (시비) : 비료를 20g 골고루 뿌리고 레이크로 긁어준다.

③ **경운** : 20~30cm 깊이로 땅을 그 자리에서 갈아엎고 레이크로 잘게 부순다.

④ **다짐** : 나무토막을 이용하여 평탄 및 다짐 작업

⑤ **파종** : 잔디종자를 동서방향, 남북방향으로 반반씩 파종한다. (만약 모래와 종자 두 개의 컵을 준다면 이를 섞어 반반 씩 나눈다)

⑥ **복토** : 레이크로 뿌려준 종자가 살짝 묻히도록 한 번만 당겨서 촘촘한 골을 만들며 덮어준다.

⑦ **다짐** : 나무막대를 이용하여 위아래로 다시 다져준다. (시험에서는 롤러 대신 나무토막을 이용)

⑧ **물주기** : 물은 충분한 양을 흠뻑주도록 한다. 다만, 파종한 종자가 유실되지 않도록 주의한다.

10. 수간주사

출제빈도 ★★★

☑ 순서암기팁

수간주사
30위드릴 - 각도 20~30°/ 지름 5mm/깊이 3~4cm
- 반대 5~10cm 위 뚫고 - 고정 - 꽂는다.

(1) 수간주사는 가장 자주 출제되는 작업형 과제이며 비교적 간단한 과제이므로 실제 동작과 구술평가 질문을 잘 숙지해 두도록 한다.

(2) 수간주사 방법을 직접 동작하며 구두로 설명하는 과제
   ① 수간의 지면으로부터 높이 높이 10cm~20cm 지점에 드릴로 구멍을 뚫는다. (드릴은 시계방향이 뚫는 방향이므로 스위치가 반대로 되어 있지 않은지 확인할 것)
   ② 구멍의 각도는 20°~30°로 비스듬히 뚫는다. 구멍을 뚫은 후 드릴비트를 완전히 빼낼 때까지 스위치를 당기는 것이 좋다. (중간에 멈추게 되면 드릴이 나무에 박혀 빠지지 않을 수 있기 때문)
   ③ 구멍의 지름은 5mm, 구멍의 깊이는 3~4cm로 하며, 구멍을 뚫은 후 안에 있는 톱밥 부스러기를 깨끗하게 없애준다.
   ④ 같은 방식으로 먼저 뚫은 구멍의 반대쪽에도 구멍을 뚫어준다. 이 구멍은 먼저 뚫은 구멍보다는 5~10cm 높은 위치에 뚫는다.
   ⑤ 그런 다음, 수간 주입기(링거형)를 사람의 키 높이(150~180cm) 정도 되는 곳에 끈으로 고정한 다음에 준비한 약액을 부어준다.
   ⑥ 그리고서 호스 끝으로 약액이 흘러나오도록 조절하여 나무에 뚫어 놓은 구멍에 살짝 꽂아 안쪽 톱밥과 이물질을 한번 제거한 후에 완전히 꽂고, 다른 하나도 반대쪽 구멍에도 같은 방법으로 꽂아준다.
   ⑦ [구두로만 설명] 약액이 다 없어지면 나무에서 수간 주입기를 걷어 내고, 주입했던 구멍은 코르크나 파라핀 등으로 막고 방부, 방수, 매트 처리한 후 인공 나무껍질 처리를 한다.
   ☑ 작업형 시험은 보통 순서에 따라 앞사람이 하는 것을 참고할 수도 있으므로 반드시 포기하지 말고 오감을 열어 집중한다.

☑ **수간주사 과제 구술평가 예상질문**

- 문: 수간 주사의 시기는 언제가 적당한가?
- 답: 4월에서 9월 증산작용이 왕성한 맑은 날 실시

- 문: 대추나무 빗자루병을 방제하기 위해 수간주사를 놓는다면 어떤 약제를 쓰는 게 좋은가?
- 답: 옥시테트라사이클린 수화제 1,000배액

- 문: 드릴의 각도와 깊이는?
- 답: 각도는 20°~30°로 비스듬히 뚫고, 깊이는 3~4cm로 한다.

- 문: 드릴비트의 지름 사이즈(구멍의 크기)는?
- 답: 약 5mm

memo

III
수목 감별

PART 01 수목 감별

배점 10점

1. 시험형식

아래 표에 제시된 총 120종의 표준수종 중 20개 수종의 사진을 4장씩 번갈아 화면으로 보여주면 답안지에 수목명을 정확히 기입하는 형식으로 진행된다. (문항당 0.5점으로 배점은 10점)

001 조경기능사 수목 감별 표준수종 목록

순서	수목명	순서	수목명	순서	수목명	순서	수목명	순서	수목명
1	가막살나무	26	단풍나무	51	백송	76	신나무	101	칠엽수
2	가시나무	27	담쟁이덩굴	52	버드나무	77	아까시나무	102	태산목
3	갈참나무	28	당매자나무	53	벽오동	78	앵도나무	103	탱자나무
4	감나무	29	대추나무	54	병꽃나무	79	오동나무	104	백합나무
5	감탕나무	30	독일가문비	55	보리수나무	80	왕벚나무	105	팔손이
6	개나리	31	돈나무	56	복사나무	81	은행나무	106	팥배나무
7	개비자나무	32	동백나무	57	복자기	82	이팝나무	107	팽나무
8	개오동	33	등	58	붉가시나무	83	인동덩굴	108	풍년화
9	계수나무	34	때죽나무	59	사철나무	84	일본목련	109	피나무
10	골담초	35	떡갈나무	60	산딸나무	85	자귀나무	110	피라칸타
11	곰솔	36	마가목	61	산벚나무	86	자작나무	111	해당화
12	광나무	37	말채나무	62	산사나무	87	작살나무	112	향나무
13	구상나무	38	매화(실)나무	63	산수유	88	잣나무	113	호두나무
14	금목서	39	먼나무	64	산철쭉	89	전나무	114	호랑가시나무
15	금송	40	메타세쿼이아	65	살구나무	90	조릿대	115	화살나무
16	금식나무	41	모감주나무	66	상수리나무	91	졸참나무	116	회양목
17	꽝꽝나무	42	모과나무	67	생각나무	92	주목	117	회화나무
18	낙상홍	43	무궁화	68	서어나무	93	중국단풍	118	후박나무
19	남천	44	물푸레나무	69	석류나무	94	쥐똥나무	119	흰말채나무
20	노각나무	45	미선나무	70	소나무	95	진달래	120	히어리
21	노랑말채나무	46	박태기나무	71	수국	96	쪽동백나무	※삭제: 카이즈카향나무, 꽃사과나무	
22	녹나무	47	반송	72	수수꽃다리	97	참느릅나무		
23	눈향나무	48	배롱나무	73	쉬땅나무	98	철쭉	※추가: 스트로브잣나무, 풍년화, 오동나무	
24	느티나무	49	백당나무	74	스트로브잣나무	99	측백나무		
25	능소화	50	백목련	75	신갈나무	100	층층나무		

※해당 표준목록 범위와 명칭 기준을 준수
※해당 120 수종 범위에서 출제
※수험자 답안 작성 시 해당 수목명으로 작성하여야만 정답으로 인정

① 수종별 4장의 수목 사진을 보고 정확한 수목명을 직접 기입하는 형식으로 시험이 진행되는 만큼 120종의 각 수목의 생김새에 대한 특징과 잎과 열매의 색상과 형태를 정확히 구분하여 암기하도록 하였다.
② 파이팅혼공TV의 유튜브 영상 <수목 감별 120 총정리>를 틈날 때마다 조금씩 시청하시면 충분히 만점을 받을 수 있다.

수목감별 120
해설 영상 바로가기

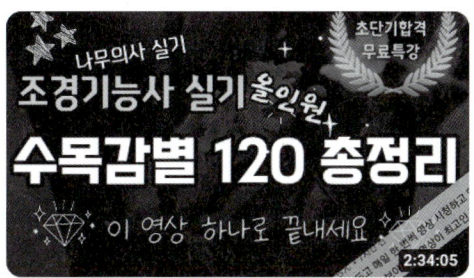

수목감별 120 총정리 설명포함 연속재생 (조경
조회수 5.5만회 · 5개월 전

 파이팅혼공TV

안녕하세요.파이팅혼공TV입니다. 사진만보면 잠이오는 수목감별에 다

수목감별 120
랜덤 모의고사

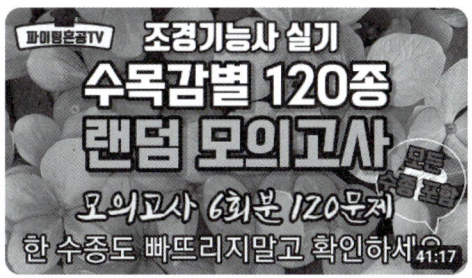

조경기능사 실기 수목감별120 랜덤 모의고사(
조회수 16만회 · 1년 전

 파이팅혼공TV

안녕하세요.파이팅혼공TV입니다. 본 영상은 수목감별120 한방에 정리

2. 수목 감별 전략

① 확실히 맞출 수 있는 것과 어려운 것을 구별하자.
② 120개 중 (　　)개는 내가 쉽게 맞추겠다는 목표를 설정한다.
③ 열매, 꽃, 수피가 특이한 것을 먼저 암기한다.
④ 비슷한 특징의 수목끼리 모아서 구별한다.
⑤ 도저히 봐도 모르는 사진에 집착하면 다음 사진을 놓치게 된다.
⑥ 확실한 특징만 기억한다! 잎, 꽃, 열매를 확실히 파악한다.
⑦ 한가지 특징으로는 모자란다. 두 가지 이상 특징 기억하자.
⑧ 잎, 꽃, 열매 나왔다. 한 사진에서 두 가지 이상의 특징 동시에 파악한다.
⑨ 수형이나 수피만으로 판단하기가 어렵다.
⑩ 구체적인 특징에 대한 설명 없이 사진만으로는 암기가 힘들므로 처음에는 해설 영상을 여러 번 반복하여 보는 것을 추천한다.

001 가막살나무

(1) 깻잎 같은 잎 + 작은 흰 꽃 무더기 + 붉은 열매

(2) 덜 익은 것 보고 판단하지 않는다. (덜 익은 열매, 덜 핀 꽃, 낙엽 등으로 판단하지 말 것)

002 가시나무

(1) 잎끝이 뾰족하지만 날카롭진 않다.

(2) 잎 표면이 매끄럽다.

(3) 가시나무 줄기에는 가시가 없다!

　주의: 호랑가시나무 줄기에는 가시가 있다.

003 갈참나무

(1) 늘어지는 치렁치렁한 꽃 + 도토리 사진에서 잎을 보자.
(2) 잎이 둥글고 큰 톱니 모양, 부챗살이 뚜렷하다. 어린잎은 쭈글쭈글하다.

004 감나무

(1) 열매가 나오면 100% 맞추어야 한다.
(2) 꽃받침 부분이 감 먹고 나면 버리는 감꼭지 부분이다.
(3) 잎은 두껍고 매끈한 타원형이다.

005 감탕나무

(1) 무더기 꽃 + 두껍고 매끈한 잎 + 대추형 열매
(2) 수형을 잘 관찰한다.
(3) 열매가 대추형이지만 끝에 까만점이 있다.
(4) 잎과 같이 보고 판단한다.
(5) 꽃 무더기를 형성, 타원형의 매끈한 잎
(6) 특징을 한눈에 파악하기 쉽지 않은 수종이다.

006 개나리

(1) 무조건 맞추는 쉬운 수종
(2) 시험장에서 만나면 더 반가운 나리나리 개나리!

007 개비자나무

(1) 지네야 이불개비자(아닐 비(非)자 형태의 잎 모양)
(2) 꽃이 없는 사진이 나와도 잎을 보고 맞춘다.
(3) 자웅이주로 수꽃이 주렁주렁 "밑에서 개기자."

008 개오동나무

(1) 넓은 잎과 흰 꽃이 치렁치렁
(2) 호박잎에 콩나물?
(3) 치렁치렁 수염 난 개오동 씨

009 계수나무

(1) 반듯한 하트 모양의 잎
(2) 노란 하트모양 단풍

010 골담초

노란 꽃 덤불 뒤에 골초아저씨 숨었다가
노란 꽃을 보고 너무 예뻐서 이름을 물으니
노랑 초롱이라네…
골초아저씨 사랑에 빠졌네
골때리네 골담초
초롱초롱 매달린 노란 꽃
작은 나비를 닮은 너의 이름은 골담초

011 곰솔

(1) 바닷가 방풍림으로 사용된다. 주변 배경이 바다다! (수목감별 목록에 해송은 없다.)
(2) 잎이 길다. 자웅동주로 자줏빛 성냥 머리 = 암꽃이며, 붉은 송충이 = 수꽃

012 광나무

(1) 흰 꽃과 긴 수술
(2) 광나는 매끈한 타원형 잎
(3) 검은색 열매

013 구상나무

(1) 짧고 두꺼운 잎
(2) 위로 솟아있는 솔방울(열매)
(3) 노란 수꽃과 붉은 암꽃

014 금목서

(1) 9월에 피는 향기가 좋은 작고 노란 꽃이 특징
(2) 노란색 꽃은 꽃잎이 네 방향으로 갈라진 통꽃
(3) 꽃잎이 두껍고 질감이 단단해 보인다.
(4) 길이가 다소 길고 두껍고 매끈한 잎

015 금송

(1) 수꽃 뭉치로 찾자!
(2) 빗자루처럼 올라오는 새잎 그리고 수꽃 뭉치

016 금식나무

(1) 다이어트 한다고 금식을 했나?
(2) 영상 실조 걸렸나? 잎이 얼룩덜룩한 것이 특징
(3) 꽃보다 잎을 보고 바로 알아낸다.

017 꽝꽝나무

(1) 잎이 타원형으로 두꺼운 편
(2) 검은색 열매

018 낙상홍

(1) 붉은 열매, 노란 왕관 수술, 흰색 꽃잎, 끝이 뾰족한 잎
(2) 붉은 열매, 가지에 붙어 피는 붉은 꽃(꽃잎 4장)
(3) 두껍지 않은 타원형 잎, 잔가시

019 남천

(1) 붉은 열매, 노란 왕관 수술, 흰색 꽃잎, 끝이 뾰족한 잎

020 노각나무

(1) 얼룩덜룩 수피, 흰색 꽃이 특징

021 노랑말채나무

(1) 노란색 줄기, 흰색 타원형 열매

022 녹나무

(1) 녹나무는 크다.
(2) 5월에 흰 꽃이 피는데 아주 작고 중앙에 노란색 수술
(3) 짙은 자줏빛 열매가 열린다.

023 눈향나무

(1) 누워있는 향나무라는 뜻

024 느티나무

잎을 잘 보면 뾰족하고 톱니 모양이 있다.

025 능소화

붉고 탐스러운 꽃이 특징

026 단풍나무

7개의 손가락을 가진 잎과 날개 달린 시과가 특징

027 담쟁이덩굴

(1) 넓적한 잎과 검은색 열매가 특징
(2) 담쟁이× 담쟁이덩굴× 담쟁이덩쿨× 담쟁이넝쿨×

✋ 명칭을 정확히 암기해야 한다.

028 당매자나무

작은 잎(1~2cm)을 가진 관목으로 노란 꽃과 타원형 빨간 열매가 특징

029 대추나무

타원형 잎과 잎의 무늬에 주목, 연두색 꽃이 특징

030 독일가문비

아래쪽으로 축 늘어진 느낌에서 특징을 파악한다.

031 돈나무

(1) 5개의 잎을 가진 흰색 별꽃
(2) 끝이 둥근 길쭉하고 두껍고 윤기 나는 잎
(3) 금전수라 불리는 돈나무

032 동백나무

(1) 7~10m까지 자라며 겨울에도 푸른 잎을 유지
(2) 붉은색 꽃잎 노란 수술의 동백꽃
(3) 두껍고 매끈한 잎의 가장자리에는 작은 잔 톱니무늬

033 등

(1) 등나무×
(2) 보라색 아래로 치렁치렁 늘어뜨린 총상꽃차례
(3) 꽃은 5월에 잎과 같이 핀다.

034 때죽나무

대롱대롱 매달린 둥근 열매와 흰 꽃 무더기가 특징

035 떡갈나무

(1) 끝으로 갈수록 넓어지는 둥근톱니 모양의 큼지막한 잎
(2) 치렁치렁 보리밥 알갱이(?)처럼 뭉쳐진 꽃
(3) 털북숭이 도토리

036 마가목

(1) 높게 자라는 키가 큰 나무
(2) 잎은 양쪽으로 길쭉하고 윤기가 없고 큰 편이며 톱니가 있다.
(3) 작은 흰 꽃이 핀다. 흰 꽃 무더기 (꽃잎 5장, 수술 20개 끝에 갈색 점)
(4) 빨간 열매

037 말채나무

(1) 120개 수목 감별 수종 중 말채 들어간 것 3개 (노랑말채나무, 흰말채나무, 말채나무)
(2) 키가 크다! (10m 이상)
(3) 흰 꽃과 넓은 잎 (잎의 무늬가 잎의 끝으로 모인다)
(4) 꽃잎은 가늘며 4장이 십자를 이루며, 긴 수술이 2개
(5) 검은색 열매

038 매화나무(매실나무)

(1) 잎보다 흰 꽃이 먼저 핀다. (꽃 색은 백색 또는 담홍색)
(2) 꽃 많은 수술이 한 개의 암술을 보호
(3) 가장 확실한 힌트는 매실 열매
(4) 잎이 특이하다. 올챙이형 둥근 모양 끝에 꼬리가 달린 형태
(5) 거친 질감의 수피도 특징이다.

039 먼나무

(1) 잎이 두껍고 윤기가 나는 타원형, 잎의 중심선이 뚜렷하며 좌·우 대칭을 이룬다.
(2) 작고 완전히 둥근 비즈 모양의 빨간 열매

040 메타세쿼이아

(1) 메타세콰이아(×) 가로수로 많이 쓰이는 수종
(2) 개비자나무에 비해 잎이 얇고 가늘다. (끝 모양이 다르다)
(3) 메타세쿼이아의 열매는 솔방울 형태로 작고 동글동글, 굵고 거친 수피가 특징

✅ 비교(개비자나무)

041 모감주나무

(1) 잎이 크고 불규칙하며 무딘 톱니가 있다.
(2) 잎에는 광택이 없고 두껍지 않다.
(3) 4~5cm의 꽈리 같은 모양의 삭과 안에는 검정 열매가 3개 들었다.

042 모과나무

(1) 핑크색 꽃잎, 중간 크기(3cm)의 꽃(4월 말 개화)
(2) 광택이 나는 둥근 잎, 잎 둘레에 잔톱니가 있다.
(3) 수피의 얼룩이 특징, 모과를 보여주면 바로 맞춘다.

043 무궁화

044 물푸레나무

(1) 물에 가지를 넣으면 푸르게 된다고 물푸레라는 이름이 붙었다.
(2) 수꽃 뭉치가 특징 (수꽃 뭉치는 조밀하나 암꽃 뭉치는 엉성하다)
(3) 날개 달린 시과

045 미선나무

(1) 잎보다 흰 꽃이 먼저 핀다.
(2) 꽃잎은 4장으로 노란색의 짧은 수술
(3) 꽃잎은 긴 편이다.

046 박태기나무

(1) 넓은 힘없는 하트모양 잎
(2) 콩깍지 모양의 협과
(3) 3월에 잎보다 먼저 핑크색 딸기 팝콘 같은 꽃이 줄기에 다닥다닥 뭉쳐서 핀다.

047 반송

전체적으로 둥근 수형을 보지 않고는 소나무와 구분이 어렵다.

048 배롱나무

(1) 키는 5m 정도로 주름이 있는 꽃잎을 가진 붉은색 꽃
(2) 잎은 숟가락 모양으로 타원형이며
(3) 노란 수술 3~40개가 중앙에 자리 잡고 있는데 가장자리의 6가닥은 길이가 길다.
(4) 긴 암술 1개를 같이 포함하고 있다.
(5) 열매는 삭과(열개과)로 말라서 갈라져 씨가 나오는 형태

049 백당나무

(1) 바깥쪽의 헛꽃과 안쪽의 참꽃으로 구성
(2) 잎 모양이 독특하다.
(3) 단단하고 광나는 동그란 구슬 같은 붉은 열매가 열린다.

050 백목련

(1) 키가 15m까지 높게 자란다.
(2) 잎은 10~15cm 큰 편 끝으로 갈수록 약간 넓어진다.
(3) 3~4월에 잎보다 먼저 흰색의 크고 탐스러운 꽃이 피고 붉은색 열매가 열린다.

☑ 비교(일본목련)

051 백송

(1) 회백색 수피로 찾는 백송
(2) 잎은 짧은 편으로 4~7cm (3엽송)
(3) 수피가 회백색이며, 밋밋하고, 큰 비늘처럼 벗겨지기 때문에 얼룩져 보인다.

052 버드나무

(1) 높이가 20m까지 자란다.
(2) 암수 딴그루
(3) 4월 잎보다 먼저 꽃차례가 주렁주렁 달리며 암갈색의 수꽃차례와 암꽃차례
(4) 5월 삭과 = 버들강아지

053 벽오동

(1) 15m까지 자란다.
(2) 잎의 특징을 기억한다.
(3) 내한성이 약하여 경기도에서는 얼어 죽는다.
(4) 완두콩(?)같이 생긴 삭과
(5) 수피가 다 자라더라도 청록색을 띤다.

054 병꽃나무

(1) 2~3m 수고의 관목
(2) 꽃의 특징을 보고 맞춘다.
(3) 광택 없고 잔톱니 작은 깻잎(?)과 비슷한 잎
(4) 꽃은 노란색으로 피어 적색으로 변한다. (희귀 멸종 식물)

055 보리수나무

(1) 3~4m 수고
(2) 잎은 3~7cm로 끝이 뭉툭하고 무디다.
(3) 꽃은 흰색이며 꽃잎은 4장으로 뾰족한 모양, 수술이 짧다.
(4) 붉은 열매, 일년생가지는 가시가 있고, 은백색이다.

056 복사나무

(1) 복숭아가 열리는 나무로 사진의 배경이 주로 과수원
(2) 4~5월에 꽃이 잎보다 먼저 핀다.
(3) 잎에는 잔톱니가 있다. 3cm 정도로 작은 분홍 꽃이 핀다.

057 복자기

(1) 높이 20m로 높게 자라며
(2) 잎과 꽃이 특이하므로 쉽게 기억할 수 있다.
(3) 잎은 3장에 한 개의 잎처럼 자라고 붉은 낙엽이 진다.
(4) 꽃은 연두색 또는 연노랑 색 꽃차례에 3개씩 피며 수술이 길다.
(5) 전형적인 날개 모양의 시과가 열린다. 수피가 아주 거칠다.

058 붉가시나무

(1) 높이 20m
(2) 치렁치렁 총상꽃차례(수꽃)가 특징
(3) 매끈하고 두꺼운 잎 빗살무늬가 선명하다.
(4) 톱니가 없는 길쭉한 잎과 매끈한 도토리를 기억한다.

059 사철나무

(1) 3m까지 자라는 관목
(2) 황록색 꽃이 피는데 크기는 0.7mm 정도로 매우 작다.
(3) 줄기의 겨드랑이 부위에서 꽃차례 수술이 기지개를 4방향으로 꽃잎 사이로 펴는 모양
(4) 잎은 3~7cm로 윤기 나는 두꺼운 잎 (작고 무딘 톱니를 가지고 있음)

060 산딸나무

(1) 7m 정도 자라는 낙엽교목
(2) 6월에 흰색 꽃이 피며 3~9cm로 크기가 큰 편이다.
(3) 잎 5~12cm로 길이가 다소 길다.
(4) 도깨비방망이처럼 생긴 열매가 열린다.
(5) 꽃, 잎과 열매 모두 특징적이므로 한눈에 파악할 수 있다.

061 산벚나무

(1) 높이 20m로 높이 자란다.
(2) 꽃 : 연홍색 또는 백색으로 5장의 꽃잎을 가지며 꽃잎 1장 중간에 갈라짐이 있다.
(3) 안쪽에 녹색 별 모양, 꽃자루가 길다.
(4) 수피에는 가로로 껍질 눈이 있다. 검붉은색 열매가 열린다. (버찌)

   주의:그냥 "벚나무"는 수목 감별 120종에 없다.

062 산사나무

(1) 산사나무는 잎이 특징적이다.
(2) 1.5cm 정도 크기의 붉은 열매가 열린다.
(3) 노란 수술을 가진 흰색 꽃과 여러 갈래로 뻗은 잎 모양으로 기억한다.

063 산수유

(1) 산수유나무(×)
(2) 3~4월경 잎보다 노란색 꽃이 먼저 핀다.
(3) 열매는 붉은색 8월경에 길쭉한 타원형으로 열린다.

064 산철쭉

(1) 수목 감별 120종에는 철쭉도 있고 산철쭉도 있다.
(2) 차이점은 산철쭉은 진분홍색 꽃이 피지만,
(3) 철쭉은 대체로 연분홍색이다.
(4) 산철쭉은 끝이 좁은 긴 타원형 잎을 가졌지만,
(5) 철쭉은 돌아가며 5장의 끝이 둥근 계란형 잎을 가졌다.

065 살구나무

(1) 꽃받침이 뒤집어져 있는 것이 특징으로 복사나무와 산벚나무와 반드시 구분한다.

　✋ 복사나무의 꽃은 분홍색이 뚜렷하고 꽃자루 짧으며, 산벚나무의 꽃은 꽃자루가 길고 꽃잎에 홈이 있다.

066 상수리나무

(1) 치렁치렁 꽃차례가 특징
(2) 잎이 매끈하며 10~20cm로 크고 예리한 톱니 모양 가장자리
(3) 도토리 모자의 굵고 긴 곱슬머리가 뒤로 젖혀진다.

067 생강나무

(1) 녹나무과의 낙엽활엽수로, 키는 2~3미터 가량된다.
(2) 산수유와 마찬가지로 잎이 나기 전 노란 꽃이 핀다.
(3) 잎 모양이 특이하므로 기억한다.
(4) 수피가 매끈한 편이다. (비교 : 산수유 수피는 거칠다)
(5) 꽃이 가지에 바짝 붙은 채로 둥글게 뭉쳐 핀다. (비교 : 산수유는 꽃자루가 길고 활짝 펼쳐져 핀다)
(6) 줄기 끝이 녹색이고 갈라지지 않았다. (비교 : 산수유는 줄기색이 갈색)

068 서어나무

(1) 회색 수피가 특징
(2) 15m 이상 높게 자라며
(3) 붉은 단풍이 든다.
(4) 열매 이삭과 수꽃차례를 기억한다.

069 석류나무

(1) 4~10m 정도의 수고로 석류나무는 꽃을 기억하자!
(2) 빨간 꽃 꽃받침 질감이 특이하다. 빨간 수술이 특징적
(3) 잎은 크지 않고 매끈하며 긴 타원형을 이룬다.

070 소나무

소나무, 곰솔, 반송은 바늘잎이 2개씩 있는 2엽이다. (백송은 3엽)

071 수국

(1) 꽃이 나오면 반드시 맞춰야 한다.
(2) 끝이 튀어나온 넓은 잎은 가장자리에 잔 톱니를 가지고 있다.
(3) 수국은 토양 성분에 따라 다양한 색을 가진다. (파란색, 분홍색, 보라색, 연두색 등) 피어날 때는 연두색이다가 파란색 또는 분홍색으로 변하기도 하며 심지어 올해에는 파란색이었다가 다음 해에는 분홍색으로 피기도 한다.

072 수수꽃다리

(1) 2~3m 정도 자란다.
(2) 연자주 꽃이 특징으로 수술이 보이지 않는다.
(3) 화통관이 있으며 1cm 정도이다.
(4) 두껍지 않은 삽 모양 넓은 잎
(5) 수피가 거친 편이다.

073 쉬땅나무

(1) 수고 2m 정도로 큰 나무가 아니다.
(2) 흰 꽃 무더기가 특징
(3) 흰 수술이 털실같이 길다.
(4) 양 갈래로 크고 긴 잎 (가장자리는 톱니 모양이다)

074 스트로브잣나무

(1) 높이가 30m까지 자라는 큰 침엽수
(2) 잎은 5엽으로 소나무류와 구분되며
(3) 길쭉하고 큰 잣송이가 주렁주렁 달린 모습으로 구분한다.
(4) 거친 수피도 기억할 것

075 신갈나무

(1) 높이 30m의 대형 활엽 수종으로 귀 모양(?)으로 생긴 잎이 특징
(2) 끝이 삼각형이며 물결 무늬로 다소 무딘 톱니가 있다.

☑ 비교(꽃차례를 가진 수종들)

떡갈나무

신갈나무

갈참나무

076 신나무

(1) 높이는 8m 정도 자란다.
(2) 독특한 잎 모양과 시과의 조합으로 특징을 기억한다.
(3) 잎은 신로켓-우주왕복선(?)모양, 4~8cm 정도의 크기이다.
(4) 꽃 4mm 정도로 작고 열매는 날개 형태 시과이다.
(5) 붉은 단풍이 진다.

077 아까시나무

(1) 높이가 25m까지 높이 자란다.
(2) 총상꽃차례로 흰색 꽃이 무더기로 핀다.
(3) 5개 꽃잎 기 꽃잎은 뒤집어져 있다.
(4) 안쪽 기부는 노란색이다.
(5) 잎은 양쪽으로 둥근 타원형이며 줄기에 가시가 있다.
(6) 콩깍지 모양의 협과가 열린다.

078 앵도나무

(1) 높이는 3m 정도이며 꽃은 4월경에 백색 또는 연분홍색으로 잎보다 먼저 피어난다.
(2) 잎은 5cm 정도로 표면에 잔털이 있고 거꾸로 된 달걀형으로 잔 톱니가 있다.
(3) 꽃은 줄기에 붙어나며, 꽃자루가 짧다. 꽃잎 간의 간격이 넓어 꽃받침의 녹색이 드러난다.

079 오동나무

(1) 커다란 잎이 하트(15~25cm) 또는 오각형처럼 보이는 것이 특징적
(2) 꽃은 자주색으로 5~6월경에 피며 원뿔 모양의 꽃차례를 이룬다.
(3) 꽃받침의 질감이 두껍고 꽃부리까지 약 6cm 가량된다.
(4) 열매는 삭과로 약 3cm 크기로 열린다.

080 왕벚나무

(1) 높이는 15m까지 크게 자란다.
(2) 산벚나무보다 꽃이 크다. 한 군데에 더 많이 핀다.
(3) 꽃대가 길며, 꽃잎에 홈이 있다. 잎에는 잔 톱니가 있다.

081 은행나무

(1) 반드시 맞춰야 하는 수종
(2) 잎, 꽃, 열매 모두 특징적이다.

082 이팝나무

(1) 높이가 25m까지 자라는 활엽수종이다.
(2) 꽃은 5~6월에 가지에 흰 꽃 무더기가 눈 쌓인 듯한 느낌을 준다.
(3) 긴 꽃잎을 가지고 있으며 수술은 보이지 않는다.
(4) 넓적한 잎과 타원형 열매

083 　인동덩굴

(1) 수고는 3~4m 정도이다.
(2) 잎은 타원형이며 꽃이 특징적이다.
(3) 6~7월에 피며 꽃부리가 3~4cm로 길다.
(4) 꽃의 끝이 5갈래 중 1개는 뒤로 말린다.
(5) 검은 열매가 열린다.

084 일본목련

(1) 높이 20m까지 자라며 잎은 가지 끝에 모여 돌아가며 핀다. (달걀형)
(2) 꽃은 5월에 잎이 난 다음에 가지 끝에 핀다.
(3) 긴 도깨비방망이 형태의 열매(골돌형)가 열린다.

085 자귀나무

(1) 수고는 3~5m 정도 자란다.
(2) 깃털 같은 핑크색 꽃이 핀다.
(3) 양쪽 날개 형태의 마주나기 잎
(4) 열매 콩깍지 모양의 협과가 열린다.

086 자작나무

(1) 25m까지 높게 자란다.
(2) 잎은 삼각형으로 불규칙 톱니를 가지고 있다.
(3) 꽃은 4~5월에 개화하며 수꽃차례를 이루어 피며 붉은 노랑 빛을 띤다.
(4) 열매는 4cm가량의 크기로 원통형이다.
(5) 수간이 곧고 수피는 흰색을 띤다.

087 작살나무

(1) 2~3m 높이로 자란다.
(2) 꽃도 열매도 보라보라한 작살나무
(3) 8월에 피는 아주 작은 꽃은 연보라색이다.
(4) 노랑머리를 한 긴 수술이 4개가 있다.

088 잣나무

(1) 상록 침엽수로 수고는 30m가 넘게 자란다.
(2) 잎은 5엽으로 길이가 7~12cm이며 가장자리에는 잔 톱니가 있다.
(3) 잎 뒷면에는 5~6줄의 백색 기공 조선이 있어 하얗다.
(4) 잣송이는 긴 난형 또는 원통형으로 길이 12~15cm 지름 6~8cm이다.
(5) 실편 끝이 길게 자라 뒤로 젖혀지며 하나의 실편에 잣이 2개씩 들어있다.
(6) 수피가 흑갈색으로 거칠다.

089 전나무

(1) 높이 40m까지 아주 높게 자라는 전나무
(2) 잎이 2~4cm로 짧은 것이 특징
(3) 암수 한그루로 수꽃은 원주형이며 황록색을 띤다.
(4) 수꽃의 크기는 1.5cm, 암꽃은 3.5cm이다.

090 조릿대

(1) 높이 1~2m로 자라며 벼과이다.
(2) 잎은 끝이 뾰족하고 길쭉한 타원형이다.
(3) 보기 힘든 연노랑 꽃이 핀다. 꽃이 피고 나면 죽는다.
(4) 열매는 밀알과 비슷한 모양이다.

091 졸참나무

(1) 높이 23m까지 자란다.
(2) 잎자루가 있다. (떡갈나무, 신갈나무는 잎자루[1)]가 없다)
(3) 잎은 2~10cm 크기로 끝이 뾰족하다.
(4) 도토리는 크기가 작으며 머리 부분이 매끈하다.

---

1) 잎자루는 줄기와 닿는 잎의 시작부분

092 주목

(1) 17~20m까지 자란다.
(2) 생장 속도는 느리며 토피어리(조형수)로 쓰이는 상록 침엽수이며,
(3) 짧고 비교적 굵은 잎이 특징적이다.

> ☑ 비교(개비자나무)

093 중국단풍

(1) 높이 15m까지 자란다.
(2) 잎이 세 방향으로 갈라지는 것이 가장 큰 특징
(3) 날개 모양 시과가 열린다.

> ☑ 비교(벽오동)

094 쥐똥나무

(1) 2~4m의 수고로 자라며 수관폭 약 3m까지 큰다.
(2) 잎은 2~7cm의 길이로 타원형 혹은 길쭉한 형태로 자라며 끝이 무디다.
(3) 흰색의 통꽃이 피며 나팔형으로 수술이 2개이다.
(4) 열매 : 크기 5mm의 쥐똥 같은 검은색 열매가 열린다.

095 진달래

(1) 2~3m로 자라는 관목이다.
(2) 꽃은 3월 말 잎보다 먼저 피며
(3) 보라색 혹은 붉은색이며 4~7cm 크기로 핀다.
(4) 3~4.5cm의 원통형 삭과가 열린다.

096 쪽동백나무

(1) 동백나무와는 잎, 꽃 완전히 다르다.
(2) 동백 대신 머릿기름을 짰던 나무이다.
(3) 때죽나무과로 비슷하나 때죽나무보다 꽃과 잎, 열매가 더 크다.

> ☑ 비교(때죽나무)

097 참느릅나무

(1) 꽃이 특징, 양성화와 단성화가 한 그루에 달린 잡성주이며 9월에 황갈색 꽃이 핀다.
(2) 수술 4~5개 꽃밥은 자황색이다.
(3) 잎은 3~5cm 크기로 좌우 비대칭인 특징
(4) 열매는 날개형 시과이다.

098 철쭉

(1) 수고 2~5m, 잎은 5개가 모여난다.
(2) 꽃은 연분홍색이며 꽃잎에 적갈색 반점이 있다.

099 측백나무

(1) 수고 25m까지 큰다.
(2) 잎과 꽃의 모양으로 파악한다. 꽃의 크기는 1.5~3mm
(3) 편백나무는 120종 수종에 없다.

100 층층나무

(1) 수고 20m 정도까지 자란다.
(2) 잎은 층을 이루어 돌려난다. (어긋나기, cf. 말채나무는 마주나기)

(3) 잎맥이 말채나무보다 더 많다. (6~8개 호생)
(4) 꽃차례를 이룬 흰 꽃이 피는데 꽃잎이 4장, 수술은 4이며 꽃잎보다 길다.

☑ 비교(말채나무)

101 칠엽수

(1) 수고가 30m까지 자라는 대형 활엽수종이다.
(2) 잎이 30cm 크기로 아주 크며 가장자리는 둔한 톱니 모양이다.
(3) 꽃은 원뿔 꽃차례를 이루어 핀다.

102 태산목

(1) 높이 20m로 높게 자란다.
(2) 잎은 길쭉한 형태로 길이가 약 12~23cm, 어긋나기로 난다.
(3) 꽃이 크다. (흰색) 약 12cm~15cm
(4) 열매는 붉은색이나 털은 녹백색이다. 크기는 7~9cm

103 탱자나무

(1) 수목 감별 120개 수종에 귤나무는 없고 탱자나무는 있다.
(2) 높이 3m 정도로 낮게 자란다.
(3) 줄기에 녹색 가시가 특징이다.
(4) 잎은 3~6cm 크기로 가장자리가 무딘 톱니 모양이다.
(5) 꽃 5~6월에 엉성한 형태로 가지 끝에 백색으로 핀다.
(6) 꽃잎이 얇으며 수술이 20개가량 된다.
(7) 열매는 탱자로 3cm 크기

104 백합나무

(1) 수고 30m까지 높이 자란다.
(2) 잎은 어긋나기로 나며 15cm로 큰 편으로 노란 단풍이 든다.
(3) 생김새가 버즘나무의 잎과 비슷하므로 주의한다.
(4) 꽃은 5~6월에 피며 녹황색이고 가지 끝에 튤립 같은 꽃이 6cm 크기로 달린다.
(5) 열매는 구과상으로 모여 바로 서고 3~4cm 끝이 날개 형태이다.

105 팔손이

(1) 말이 필요 없는 맞추기 쉬운 효자 수종 팔손이
(2) 높이 2~4m로 비교적 낮게 자라며
(3) 잎은 7~9개의 손가락을 가진 모양을 이루는 것이 가장 큰 특징이다.
(4) 꽃은 원뿔 꽃차례(20~40cm)를 이루어 핀다.
(5) 열매는 검은색이다.

106 팥배나무

(1) 15m까지 자란다.
(2) 잎은 5~10cm 크기로 불규칙한 이중 거치
(3) 꽃은 편평꽃차례를 이루어 피는데
(4) 가지 끝에 6~10개의 꽃이 피며 1cm 크기로 꽃잎은 5개이다.
(5) 수술 20개 열매는 이과로 1cm 크기이며 붉은색이다.

107 팽나무

(1) 수고가 20m 이상 높게 자라며
(2) 잎은 4~11cm 크기로 좌우 비틀려 난다.
(3) 꽃은 잡성주로 암꽃과 수꽃이 한그루에 모두 있다.
(4) 수술이 4개이며 취산꽃차례를 이룬다.
(5) 열매는 노란색(약간 붉은빛)으로 둥근 형태이다.

108 풍년화

(1) 3~6m 자라는 관목
(2) 꽃과 열매에서 특징을 빠르게 파악한다.
(3) 잎보다 먼저 4월에 노란 꽃이 핀다.
(4) 꽃잎은 4개로 잎 자체가 가늘며 잎맥이 어긋나기
(5) 열매는 삭과로 8~10mm로 크기가 작다.

109 피나무

(1) 높이 20m로 크게 자란다.
(2) 잎은 3~9cm 밀생하며 거친 톱니를 가졌다.
(3) 긴 잎자루가 특징
(4) 꽃은 담황색이며 수술이 길다.
(5) 꽃받침과 꽃잎 각각 5장씩 구성된다.
(6) 모두 흰색이며 라임블러썸차를 만들기도 한다.
(7) 열매는 딱딱한 견과로 피나무는 한국 자생식물이다.

110 피라칸타

(1) 1~4m로 자라는 관목
(2) 잎의 크기는 1~5cm로 작다.
(3) 잎은 긴 타원형으로 두껍다.
(4) 흰색 꽃은 산방 꽃차례를 이루어 무더기로 피며 꽃잎은 5장, 암술이 5개이다.
(5) 빽빽하게 열리는 빨간 열매가 특징

111 해당화

(1) 높이 1.5m로 자란다.
(2) 잎은 2~5cm 크기로 깃모양 겹잎
(3) 꽃의 크기는 6~9cm로 핑크색이며 빨간 열매가 열린다.
(4) 열매 끝에 꽃받침이 있는데 크기는 2~2.5cm이다.
(5) 줄기에 가시와 털이 있다.

112 향나무

(1) 높이 23m로 크게 자라며 측백나무과이다.
(2) 잎은 바늘과 비늘 형태이며 납작한 형태인 측백나무와 구분한다.
(3) 열매 동그란 형태로 자줏빛 흑색을 띤다.

✓ 비교(측백나무)

113 호두나무

(1) 높이는 20m까지 자란다.
(2) 잎은 홀수 깃 모양이며 겹잎이다, 길이는 약 25cm로 길다.
(3) 꽃은 암수한그루로 수꽃차례가 늘어진다.
(4) 암꽃은 1~3개가 핀다.
(5) 열매가 호두이다.

114 호랑가시나무

(1) 높이 2~3m 정도의 관목으로 잎 모양이 가장 큰 특징 (잎 끝이 뾰족한 가시처럼 생겼다)
(2) 꽃은 연두색이며 붉은 열매가 열린다. (8mm 크기)

115 화살나무

(1) 높이 3m로 독특한 줄기가 특징
(2) 코르크질의 날개를 가지고 있다.
(3) 잎은 3~5cm로 붉은 단풍이 든다.
(4) 꽃은 황록색
(5) 열매는 붉은색

116 회양목

(1) 높이가 7m까지 자란다.
(2) 작은 타원형 잎은 12~17mm로 작다.
(3) 꽃은 암수한그루
(4) 열매는 달걀형 삭과

117 회화나무

(1) 높이는 10~30m로 크게 자란다.
(2) 잎은 마주나기
(3) 꽃은 꽃차례를 형성하며 15~30cm 정도로 크다.
(4) 열매는 염주형 협과이다.

118 후박나무

(1) 높이가 20m까지 높이 자란다. 남부 포항 이남에 주로 서식한다.
(2) 잎이 7~15cm로 두껍고 길다. (가장자리는 톱니 없이 매끈하다)
(3) 꽃차례를 형성하며 황록색 꽃이 핀다.
(4) 열매는 익으면 흑자색으로 변한다.

119 흰말채나무

(1) 높이 3m의 관목, 붉은색 가지
(2) 잎은 5~10cm 크기이다.
(3) 흰 꽃이 취산꽃차례를 성형한다.
(4) 열매는 흰색, 겨울철 흰 눈을 배경으로 붉은색 줄기가 특징

120 히어리

(1) 높이는 1~2m 키가 작은 관목이다.
(2) 잎은 5~9cm 크기의 하트모양으로 무늬가 특이
(3) 노란 꽃 총상 꽃차례로 성형되며, 열매는 삭과이다.

교육컨텐츠 기업 (주) 엔제이인사이트
파이팅혼공TV 컨텐츠 개발팀

| 저서

- 파이팅혼공TV 위험물기능사 실기 초단기합격
- 파이팅혼공TV 위험물기능사 필기 초단기합격
- 파이팅혼공TV 위험물산업기사 실기 초단기합격
- 파이팅혼공TV 위험물산업기사 필기 초단기합격
- 파이팅혼공TV 전기기능사 필기 초단기합격
- 파이팅혼공TV 조경기능사 필기 초단기합격
- 파이팅혼공TV 산림기능사 필기 초단기합격
- 파이팅혼공TV 지게차 운전기능사 필기 한방에 정리
- 파이팅혼공TV 굴착기 운전기능사 필기 한방에 정리
- 파이팅혼공TV 한식조리기능사 필기 한방에 정리

2026 유튜버 파이팅혼공TV 초단기 합격 시리즈

조경기능사 실기

발행일 2025년 7월 30일
발행처 인성재단(지식오름)
발행인 조순자
편저자 교육컨텐츠 기업 (주) 엔제이인사이트 · 파이팅혼공TV 컨텐츠 개발팀
편집 디자인 홍현애

※ 낙장이나 파본은 교환해 드립니다.
※ 이 책의 무단 전제 또는 복제행위는 저작권법 제136조에 의거하여 처벌을 받게 됩니다.

정가 30,000원 | **ISBN** 979-11-7491-003-5